人间游戏

人际沟通心理学

〔美〕艾瑞克·伯恩 著
汪畅 译

天津出版传媒集团
天津人民出版社

图书在版编目（CIP）数据

人间游戏 / (美) 艾瑞克·伯恩著 ; 汪畅译 . -- 天津 : 天津人民出版社, 2023.1（2023.2重印）
ISBN 978-7-201-18340-4

Ⅰ. ①人… Ⅱ. ①艾… ②汪… Ⅲ. ①心理学—通俗读物 Ⅳ. ①B84-49

中国版本图书馆CIP数据核字(2022)第186403号

人间游戏

RENJIAN YOUXI

出　　版　天津人民出版社
出 版 人　刘　庆
地　　址　天津市和平区西康路35号康岳大厦
邮政编码　300051
邮购电话　（022）23332469
电子信箱　reader@tjrmcbs.com

责任编辑　苏　晨
装帧设计　姚立扬　汤　磊

印　　刷　天津新华印务有限公司
经　　销　新华书店
开　　本　880毫米×1230毫米　1/32
印　　张　7.75
字　　数　110千字
版次印次　2023年1月第1版　2023年2月第2次印刷
定　　价　42.00元

献给我的患者和学生
他们让我学到了很多内容
并一直在教导我关于游戏和生活的意义

译者序

艾瑞克·伯恩(Eric Berne)无疑是一位心理学大师,他在人际互动的基础上独创了一套沟通分析治疗体系,在心理学领域留下了特别的印记,而《人间游戏》(*Games People Play*)正是掀起沟通分析理论风潮的力作。有意思的是,伯恩一开始打算将《人间游戏》的内容放入《沟通分析心理治疗》之中;但无巧不成书,这本书在阴差阳错之下有幸得以独立出版。更有意思的是,《人间游戏》一经出版,立即大获成功,风靡美国,至今仍旧热度不减,畅销全球。

原本是为专业人士而作的心理学专著,竟然一举成了一本畅销书,完美诠释了"无心插柳柳成荫"。如果分析《人间游戏》如此受欢迎的原因,其实也不难。伯恩本人是一位非常有心的心理学家,他悉心观察日常生活中的人、事、物,发现和记录了人们在生活中常常爱玩的一些社交游戏。在书中,他根据不同的社交情境,将所有的游戏分门别类,划分为生活游戏、婚姻游戏、聚会游戏、性游戏、地下游戏、诊疗室游戏和好游戏。而且,伯恩为每个游戏都起了一个非常有趣的名字,堪比一部心理学的"游戏词典",比如"可算是逮着你了”“要不是因为你”“我只是好心帮你”“我明明已经很努力了”……这些游戏名称来自日常口语，生动活泼。

对读者而言，他们透过书中的这些游戏，可以看到自己的影子，从而引发很多思考：我是否在日常生活中下意识地玩过这些游戏，但又对此毫不知情？为什么有一些事情我明明知道不对，偏偏还会明知故犯？实际上，当我们复盘与他人的每一次互动，抑或仅在社交的过程中留心观察，你就可能会发现一些反复出现的行为模式，而这一模式正是伯恩所谓的“游戏”。这些行为模式远非好玩和有趣的游戏，而是我们在无法察觉的情况下与他人沟通时所玩的无意识游戏。在伯恩看来，人与人之间的互动即不同游戏的重复，而且互动中的各种游戏是造成心情抑郁、彼此伤害的重要原因。他希望通过《人间游戏》指导读者了解“游戏”的种种危害，掌握摆脱坏游戏的方法，从而不再遭受无意识游戏一而再再而三的摆布，理性客观地认识和选择自己的行为，最终提高生活的幸福感。

作为一名心理学的爱好者和学者，我很荣幸能够翻译这样一部独特的作品。在翻译的过程中，我也不禁透过伯恩的理论，留意自己在与他人互动中的不同自我状态。正如苏格拉底所言，“未经审视的人生，不值得一过”。对自我的审视，不仅可以帮助我们抵御无意识游戏的操控，还有助于摆脱习以为常的思维模式和一成不变的行为模式，获得更加鲜活的洞见。审视当下，很多人仅仅是因为躲在匿名的面具之后，就在网络上宣泄巨量的愤恨。人们共同在社交媒体上倾倒了大量的情绪垃圾，而一些新闻媒体却在费心尽力地维系和兜售大众市场的恐惧……这些糟糕的现象都与集体性的无意识游戏息息相关。

人生如戏，游戏人间，人人都在日常生活中扮演着不同的角色，却又在玩着相似的游戏。读者朋友，你又在这人间如何游戏呢？

汪　畅

2022年6月于安徽省六安市

序　言

这本书虽然是《沟通分析心理治疗》(*Transnational Analysis in Psychotherapy*)[1]的续作,但我仍然希望它可以被独立阅读和理解。本书的第一部分总结了分析和理解游戏所需的理论;第二部分详述了每一个游戏;第三部分为现有的临床资料和理论增加了新的内容,可以帮助我们更好地理解何为“去游戏化”。想了解更多背景知识的读者请参阅我之前的书籍。读过《沟通分析心理治疗》的读者应该会注意到,本书除了在理论方面进一步发展之外,还基于新的临床资料进一步思考,在专业术语和观点方面也有略微的变化。

随着学生和演讲听众对游戏列表的兴趣越来越浓厚,他们要求我在综述沟通分析理论的过程中,以举例的方式进一步阐述游戏。这是我决定写作此书的原因之一。我由衷地感谢这些学生和听众,尤其要感谢那些愿意帮助我发现和命名新游戏的患者朋友。我还要特别感谢芭芭拉·罗森菲尔德(Barbara Rosenfeld)小姐,她对倾听的艺术和意义有着深刻的见解。感谢梅尔文·博伊斯(Melvin

Boyce)先生、约瑟夫·康坎农(Joseph Concannon)先生、富兰克林·厄恩斯特(Franklin Ernst)医生、肯尼思·埃弗茨(Kenneth Everts)医生、戈登·格里特(Gordon Gritter)医生、弗朗西斯·马特森(Frances Matson)夫人、雷·波因德克斯特(Ray Poindexter)医生等人,他们的独立发现证明了许多游戏的重要意义。

在这里,我还需要特别感谢克劳德·斯坦纳(Claude Steiner)先生对本书做出的贡献,他曾是旧金山社会精神病学研讨会(San Francisco Social Psychiatry Seminars)的研究主任,现就职于密歇根大学心理学系。他最早开展实验,证实了很多具有争议的理论观点,澄清了自主和亲密的本质特征。也要感谢研讨会的财务主管薇奥拉·利特(Viola Litt)小姐,以及我的私人秘书玛丽·威廉姆斯(Mary N. Williams)夫人一直以来对我的帮助,还要感谢安妮·加勒特(Anne Garrett)帮助我审阅校对书稿。

语义

为了行文的简洁清晰,书中的游戏主要是从男性视角来描述的。因此,游戏的主要参与者皆定名为"他",除非我特别指明是女性。我需要解释的是,这么做绝非出于性别的偏见,而是由于男女具有显著的差异,不可一概而论。同样的,书中提及的心理医生也定名为"他"。书中的术语和论点主要面向临床执业医师,但其他职业的人士也会在其中找到与自身相关的兴趣与用途。

“沟通游戏分析”与“数学游戏分析”是姊妹篇，书中的一些词语，比如“回报”（payoff），是目前公认的数学术语，但我还是需要提醒读者，两者之间仍然有很多的区别。如果想要详细了解有关游戏的数学理论，请参阅卢斯（R. D. Luce）与雷法（H. Raiffa）合著的《游戏和决策》（*Games & Decisions*）[2]。

于加利福尼亚州卡梅尔市

1962年5月

参考资料

[1] Berne, E., *Transnational Analysis in Psychotherapy*, Evergreen, 1961.

[2] Luce, R. D., and Raiffa, H., *Games & Decisions*, Chapman & Hall, 1957.

目 录

第二部分 / 游戏词典

引　言

社会交际

在《沟通分析心理治疗》[1]一书中，我已经相当详细地叙述了社会交际的理论。现在，我将其总结成以下内容。

斯皮茨(Spitz)在研究中发现[2]，婴儿在长时间得不到父母的安抚后，身体机能会持续衰退，最终很容易死于一系列的并发症。这意味着斯皮茨所说的情感剥夺会酿成致命的结局。这一观察引发了对“刺激饥渴”(stimulus-hunger)的思考，进而发现了最受人们喜爱的刺激形式是身体上的亲昵行为。即使我们根据日常的体验，也不难接受这一点。

在实验的过程中，在遭受感觉剥夺的成年人身上，也可以看到类似的现象。这种剥夺很有可能引起一种短暂的精神病，或者至少引发暂时的精神紊乱。在过去，被判长期单独监禁的囚犯也会遭受类似的社会剥夺和感觉剥夺。实际上，单独监禁甚至是一种比肉体伤害还要可怕的惩罚[3,4]。现在，单独监禁作为一种政治顺从的强制手段，已经臭名昭著。[5]

从生物学的角度来看，情感剥夺和感觉剥夺很有可能导致机体的改变。如果脑干的网状激活系统[6]没有得到充足的刺激，那么随之而来的很有可能是神经细胞直接或间接的退化。以患有消瘦症的婴儿为例：他们的疾病是营养不良的间接作用，而营养不良本身很有可能是冷漠的直接结果。因此，我们得到了一条关系链：冷漠—情感剥夺和感觉剥夺—细胞退化甚至死亡。从这个意义上说，刺激饥渴和食物匮乏对人类机体生存的影响同样重大。

事实上，不仅在生物学上，在心理学和社会学上，刺激饥渴在许多方面都与食物匮乏相类似。像营养不良、饱餐、盛宴、暴食、猎奇、禁欲、厨艺、烹饪等与营养学有关的词汇都与感觉相关。暴饮暴食与刺激过度两个词异曲同工。通常在营养学和感觉两个领域里，如果食材供应充足，菜品多样，那么每个人的选择将会深受各自不同爱好的影响。而每个人的爱好多多少少是由各自的体质决定的，但这一点与我们要讨论的问题无关。

在这个问题上，社会心理学家关心的是，婴儿在正常的成长过程中与母亲长期分离后会发生什么。到目前为止，我们所说的内容都可以用一句“大白话”[7]来概括：“如果你没有得到安抚，那么你的脊髓就会萎缩。”因此，在与母亲亲昵的阶段结束后，每个人余生的命运和生存将会受到接连不断的冲击。一方面，一个人从出生开始就受到来自社会、心理、生理三方面力量的支配，而这些力量都会持续阻碍婴儿时期的身体接触；另一方面，他仍然会不懈地追求身体上的亲密接触。但在大多数情况下，他都会妥协，以一种更加微妙的象征性方式满足这一欲望。尽管他对身体接触的最初渴望仍然没有减弱，但最终他甚至可以将他人最简单的点头示意视为一种触摸，从而在某种程度上得到满足。

这种妥协的过程有很多不同的术语名称（比如“升华”）。但无论这一过程的名称是什么，其结果都是不变的，即婴儿时期的“刺激饥渴”将转化为所谓的“认可饥渴”（recognition-hunger）。随着妥协的过程变得越来越复杂，每个人在寻求认可的过程中都会拥有越来越独特的个性。正是人与人之间的差异使社交活动变得多样化，也决定人们各自不同的命运。为了预防“脊髓萎缩”，一个演员每周都要从陌生的粉丝那里获得成百上千次的“安抚”，而一位科学家只要每年从某位德高望重的大师那儿获得一次“安抚”，就可以维持一整年的身心健康。

“安抚”（stroking）可以作为身体亲密接触的总称；在实际生活中，“安抚”会有很多种不同的形式。有些人会像字面意思那样安抚婴儿，有些人会选择拥抱，有些人会选择轻捏和轻拍，还有些人会用指尖轻弹婴儿。这些人在交流中都有相似之处，因此我们通过观察他们的谈吐，大概就可以判断他们对待婴儿的方式。如果延伸“安抚”的含义，那么它可以指代任何对他人认可的行为。因此，我们可以将“安抚”设为社交行为的一个基本单位：互相“安抚”构成了一次

“沟通”(transaction),而一次沟通便是一次社会交际的计量单位。

就游戏理论而言,任何一种拥有社交能力的物种都要比没有社交能力的物种具有生物进化方面的优势。莱文[8](S. Levine)通过一系列著名的老鼠实验证明了,通过相互的接触,老鼠不仅在生理、心理和情感上有所发展,而且大脑的生化反应加快了,甚至白血病的抗体也增强了。这些实验都有一个显著的特点:轻柔的触摸和疼痛的电击都能改善动物的健康状况。

上述论证让我们更加有信心继续下一节的内容。

时间结构

如果在对婴儿的安抚与对成人的认可之间画上等号,那么我们可以看到两者都具有维持生存的价值。问题是,接下来会发生什么? 在日常用语中,无论是校园里的“嗨!”,还是一番长时间的寒暄,人们在互相问候之后,还会做什么呢? 从“刺激饥渴”到“认可饥渴”后,接下来轮到了“结构饥渴”(structure hunger)。青少年们最爱问的一个问题便是:“打过招呼后,你会和那个人说什么呢?”不仅仅是青少年,对许多成年人来说,没有什么比社交的中断更让人不舒服的了。在一段沉默不语、漫无目的的时间里,人们再也想不出比“今天晚上,墙看起来很直”①更有趣的话题了。如何安排自己清醒

① 此处为作者举例,意在强调人们宁愿讨论“墙很直”的话题,也不愿意四目相对、沉默不语。——译者注

的时间是人类永恒的难题。从存在主义的角度来看，所有社会生活的功能都是围绕这一难题，向公众提供相互帮助的机会。

我们可以将时间结构的安排称为程序设计（programing），并将其分为物质、社会与个人三个方面。时间结构最常见、最方便、最舒适、最实用的方法是安排一个现实生活中的任务，也就是大家所熟知的工作。这样的任务可称作“活动”（activity）。考虑到社会精神病学的一般理论认为，社会交际也是工作的一种形式，所以在这里使用“工作”一词并不严谨。

我们在现实生活中应对各种变化就是所谓的“物质程序设计”（material programing）。只有在安抚、认可和其他更加复杂的社交活动中，物质程序设计才能得以实现。首先，我们需要明确物质程序设计与社交无关，它的本质是一种数据处理的活动。比如，建造一艘船依赖于一系列的测量与估算，而在此过程中发生的一切社交活动都必须位居次席，这样造船活动才能继续进行。

“社会程序设计”（social programing）催生了传统的社交礼仪，其主要标准是能否被所在地的文化接受，即所谓的“礼貌”。世界各地的父母都在教育他们的孩子讲礼貌，这意味着大家都认识到如何使用恰当的方式问候、进餐、求偶、哀悼，以及如何在沟通中张弛有度地讨论一个话题。这种老练的说话技巧是外交能力不可或缺的一部分，其中有些技巧放诸四海皆可行，有些技巧只适合在个别地区使用。比如，有些地方并不介意吃饭时打嗝，也不在乎问候他人的妻子，但是这两件事在其他某些地方却是禁忌。而且，在吃饭时不介意打嗝的地区，向女人问候通常是不明智的；而在鼓励问候女性的地区，吃饭时打嗝是不可取的。因此，我们看到不同的社交礼仪在不同地区呈现一种高度的负相关性。一般来说，在较为正式的社交礼仪后，人们接着谈论的往往是一个不那么具有仪式性的话题。为了与社交礼仪区分开来，我们可以将后者称为“消遣”(pastime)。

当人们逐渐熟悉后，越来越多的“个人程序设计”(individual programing)悄然出现，越来越多的“事件”也拉开序幕。从表面上看，这些事件是偶然发生的，而且就连当事人也会这么认为。但是，仔细观察就会发现，所有的事件都是有迹可循的：它们不仅遵循了特定的模式，而且可以被分类和排序(顺序受到规则或潜规则的限制)。只要友好和敌对的人际关系继续存在，这些规则就一直潜伏着。一旦有人做出了违规的行为，规则就会显现出来。周遭的人会通过语言、法律等象征性的方式向违规者喊道：“犯规！”与消遣不同的是，这种分类和顺序更加受到个人程序设计(而非社会程序设计)的影响，我们可以称之为“游戏”(game)。家庭生活、婚姻生活，以及各种社会组织中的生活很有可能都根据同一种游戏的不同变体年复一年地进行着。

当我们谈到大多数的社交活动都是一种游戏时，并不是说社交活动就像游戏那样“好玩”，也不是强调双方以一种“玩”的散漫态度进行互动。一方面，上场比赛的球员可不是去“玩”球的，而且球员们往往都会板着面孔。这类游戏与赌博等其他形式的“游戏”一样，有可能变得非常严肃，有时甚至攸关性命。另一方面，像约翰·赫伊津哈（Huizinga）[9]这样的作者甚至将“食人宴”这样骇人听闻的活动也纳入游戏的范畴之中。因此，将自杀、酗酒、吸毒、犯罪、精神分裂症等悲剧性行为称为“游戏”并不是一种不负责任、戏谑或者野蛮的行为。游戏的本质特征强调的是人类情感都是受规则制约的，而非虚情假意的。当违反规则的情感表达出现时，压制便会随之而来。游戏“玩”起来可能攸关生命，因此它是极其严肃的。但只有当规则被打破后，才会出现严重的社会制裁。

在现实生活中，消遣和游戏是亲密的替代方式。正因为如此，它们更像是一种口头的承诺，而非真正的结合。这就是为什么消遣和游戏被视为令人心酸的亲密形式。当个人程序设计的强度越来越高时（通常是出于本能的），社会规范、各种潜在的规则和动机会退居次席，亲密行为便会出现。只有在这个时候，刺激饥渴、认可饥渴和结构饥渴才可以得到彻底的满足。充满爱意的受孕行为是亲密行为的原型。

对于人类的生存来说，结构饥渴和刺激饥渴的重要性不相上下，它们都表达了个体在情感和感觉两个方面逃避饥渴感的需求，而这两方面的饥渴感都会导致生理性的退化。克尔凯郭尔（Kierkegaard）[10]曾指出时间无序的弊端，而结构饥渴表达了个体避免无聊的需求。如果无聊的状态持续过久，无聊就会变成情感饥渴的同义词,并且产生同样严重的后果。

独处的人可以用两种方式来规划自己的时间:活动和幻想。每位老师都知道,即使一个学生坐在拥挤的教室里,也可以保持独处的精神状态。当一个人身处社会集体(两人及以上)中时,以下是按复杂程度排序的几种规划时间的方法:①仪式;②消遣;③游戏;④亲密行为;⑤活动(可由前四种任意组合而成)。集体中每位成员的目标都是从他与其他成员的交往中获得尽可能多的满足。他越容易接近,获得的满足就越多。并且,每位成员的每一个社交规划都是在无意识的状态下完成的。鉴于某些人还能在自我虐待中获得快感,他们的"满足"已经脱离了满足的通常意义,所以我们不妨换用一些中性的词汇,比如"收益"(gains)或"益处"(advantages)等。

社交的益处在于可以调节身心平衡。涉及以下因素:①缓解紧张;②避开有害的情况;③得到安抚;④维持平衡的状态。生理学家、心理学家和精神分析学家对以上因素都进行过详细的调查和讨论。如果翻译为社会精神病学的专业术语,那么它们分别为:①主要内在益处;②主要外在益处;③次要益处;④存在性益处。前三项与弗洛伊德所说的"因病获益"相对应,分别为内在原发性益处、外在原发性益处、次发性益处。[11]已有的经验表明,从获益的角度来研究社交行为,不仅比将其视为防御性行为更加有效,而且也更具有启发性。实际上,最好的防御性行为是不参与任何社交活动。其次,防御的概念只涵盖了益处的前两类,后两类则并不包含在内。

无论游戏和亲密行为是否成为一种综合性的活动，它们都是人们最满意的社交方式。尽管亲密关系是一个比较私人的问题，但我们还是可以得知一段长久的亲密关系是稀有的。重要的社交活动通常是以游戏的形式进行的，这也是我们在本书中重点关注的主题。如果想要了解更多关于时间结构的信息，请参阅作者关于群体心理动力的书籍。[12]

参考资料

[1] Berne, E., *Transnational Analysis in Psychotherapy*, Evergreen, 1961.

[2] Spitz, R., “Hospitalism: Genesis of Psychiatric Conditions in Early Childhood”, *Psychoanalytic Study of the Child*, 1: 53–74, 1945.

[3] Belbenoit, Rene, *Dry Guillotine*, Cape, 1938.

[4] Seaton, G. J., *Scars on my Passport*, Hutchinson, 1951.

[5] Kinkead, E., *Why they Collaborated*, Longmans, 1960.

[6] French, J. D., “The Reticular Formation”, *Scientific American*, 196: 54–60, May 1957.

[7] 在本书中，所有口语化的表述都是在旧金山社会精神病学研讨会上整理总结而来的。

[8] Levine, S., “Stimulation in Infancy”, *Scientific American*, 202: 80–86, May 1960.

Levine, S., "Infantile Experience and Resistance to Physiological Stress", *Science*, 126: 405, 30 August, 1957.

[9] Huizinga, J., *Homo Ludens*, Routledge, 1949.

[10] Kierkegaard, S., *A Kierkegaard Anthology* (ed. R. Bretall), Princeton University Press, 1947, pp. 22 ff.

[11] Freud, S., "General Remarks on Hysterical Attacks," Standard Edn, Hogarth Press, London, 1955.

Freud, S., "Analysis of a Case of Hysteria." ibid., Ⅵ, 1953.

[12] Berne, E., *The Structure and Dynamics of Organizations and Groups*, Pitman Medical, 1963.

第一部分 / 游戏分析

第一章 结构分析

通过对自发的社交活动的观察（尤其是对团体治疗的观察），可以很明显地发现人们会不时地改变自己的姿态、观点、声音、用词，以及其他方面的行为表现。而且，这些行为上的变化往往伴随着情绪上的变化。对于特定的个体来说，特定的行为模式与特定的心理状态常常一一对应，并且不会相互重合。“自我状态”（ego states）的概念便是在这些变化和差异中形成的。

如果使用专业术语的话，自我状态在现象学层面可以描述为一个连贯协调的情绪系统，在行为方面可以描述为一组对应的行为模式。从更实际的角度来说，自我状态是一个伴随一系列相关行为模式的情绪系统。每个人的自我状态都是有限度的，其反映的是一种心理现实，而非一个特定的角色。自我状态可分为三类：①类似于父母的自我状态；②一种对现实自主、直接、客观评价的自我状态；③一种可以反映人类古老经验、从童年时期留存下来、仍然活跃的自我状态。从专业用语来讲，这三个类别分别被称为外在心理、现今心理、早期心理的自我状态。再从日常用语来讲，它们一一对应的是父母自我状态（Parent）、成人自我状态（Adult）、儿童自我状态（Child）。除了最为严谨的学术探讨之外，这些通俗的术语适用于任何讨论。

在生命中的任一时刻，社会群体中的每个个体不仅会表现出“父母”“成人”或“儿童”的自我状态，而且他们都在不同程度上准备着从一个自我状态转换到另一个自我状态。这一观察结果可以提供一些诊断方面的帮助：“那是你的父母自我”意味着“你现在的心理状态/姿态/措辞/情绪反应等与你的爸爸（或妈妈）一致”；“那是你的成人自我”意味着“你刚刚对当下的情况做出了一个自主、客观地评估，以一种不偏不倚的方式陈述自己的思维过程/察觉到的问题/总结出的结论”；“那是你的儿童自我”意味着“你表达情绪的方式和意图就像个小孩子”。

这三类表达的含义如下：

1. 在与自己的父母（或者替代父母的其他养育者）生活的过程中，每个人都会将父母的自我状态嵌入自己的自我状态中。外在心理开始活动后，这些父母的自我状态就会显现出来。通俗来说就是：“每个人的心里都住着自己的爸爸妈妈。”

2. 当适当的自我状态（现今心理）激活后，每个个体（甚至包括儿童、智力迟钝者、精神分裂症的患者）都有客观处理数据信息的能力。通俗来说就是：“每个人的心里都有一个成人自我。”

3. 每个人的过去总是比现在年轻，而且每个人都保存着早年遗留下来的痕迹。早期心理开始活动后，这些过去的痕迹就会显现出来。通俗来说就是：“每个人的心里都住着小时候的自己。”

我们不妨一起看看下面的结构图。就目前来看，图1(a)完整地呈现了一个人的人格结构，分别由父母、成人、儿童的三种自我状态构成，图1(b)为图1(a)的简略图。这三者相互对立，截然不同，因此需要区别开来。对一个没有经验的观察者来说，这些区别可能一开始并不明显。但对于发现其区别的人来说，他会很有兴趣花时间学习结构诊断。

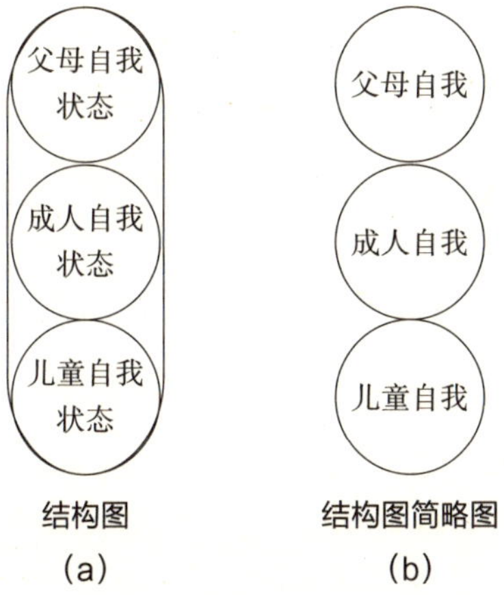

图1 结构图

在我们结束结构分析这个主题之前，应该补充说明几点：

1.结构分析之所以不使用“幼稚”(childish)一词，是因为人们不仅对这个词反感，而且很想立刻停止和摆脱幼稚的状态。实际上，会使用“孩子似的”一词描述儿童自我状态(早期的自我状态)时，它强调的是生物学方面的意义，并不带有任何的贬义和偏见。儿童自我状态在很多方面都是人格中最具有价值的部分。儿童自我状态就像一个真正的孩子给一个家庭带来快乐、创造力和魅力一样，能为个人生活带来诸多益处。如果一个人的儿童自我状态是混乱不堪、不健康的，那么后果很有可能是不幸的，但他仍然可以尝试一些补救的措施。

2."成熟"和"不成熟"也不在结构分析的讨论之中。在这个体系中，不存在所谓的"不成熟的人"。尽管儿童自我状态的确能够不当地左右一些人，但这些人都拥有结构完整的成人自我状态，只是有待激活而已。相反，所谓"成熟的人"是那些能够在大多数时候让成人自我状态控制自己的人，但他们的儿童自我状态偶尔也会像其他自我一样控制自己，通常也会带来令人不安的结果。

3.需要说明的是，父母自我状态有直接和间接两种表现形式。直接的父母自我状态是积极主动的，个体的反应与他自己的父亲（或母亲）的实际反应一致（"照我做的做"）；而间接的父母自我状态则是一种影响力，个体会以父母所希望的方式回应（"不要照我做的做，要照我说的做"）。在第一种情况下，个体成为父母中的一员；而在第二种情况下，个体让自己遵从了父母的要求。

4.儿童自我状态也分为两种形式：适应型与自然型。适应型儿童自我状态指的是在父母的影响下改变自己的行为。个体会表现得像父亲（或母亲）希望他表现的那样，比如顺从听话或者早熟等。有时，个体还会通过退缩或发牢骚的方式适应自己的改变。由此可见，父母自我状态是原因，而适应型儿童自我状态是其结果。自然型儿童自我状态是一种自发的行为模式（比如逆反和创造力的抒发）。酒精中毒（即醉酒）的后果可以证实结构分析的正确性：酒精解除了个体的父母自我状态后，适应型儿童自我状态也就摆脱了父母自我状态的影响，自然型儿童自我状态进而接管了个体。

就人格结构而言，以上内容足以支撑我们进行有效的游戏分析。

不同的自我状态都是正常的生理现象。人类的大脑是精神生活的器官，其产物会以自我状态的不同形式储存和组织起来。彭菲尔德（Penfield）和他的同事们的一些发现已经证明了这一点[1,2]。此外，在不同的层次上还有其他的分类系统（比如事实记忆），但经验本身的自然形式存在于不断变化的思维状态中。每一类自我状态对人类的机体都有其重要的价值。

儿童自我状态包含直觉[3]、创造力、欢乐和自发的驱动力。

成人自我状态与人类的生存息息相关。一方面，成人自我状态可以帮助我们处理数据和计算概率，从而有效地应对外部世界的改变；另一方面，成人自我也会遭遇挫折和获得满足。以穿过一条交通繁忙的高速公路为例：在这一过程中，成人自我需要处理一系列复杂的速度数据。只有当计算结果表明，线路能够顺利抵达目的地的概率很高时，我们才会开始行动。这种类型的计算也体现在滑雪、航行、驾驶飞机等活动中，会为我们带来愉悦感和成就感。成人自我状态的另一项任务是统筹安排父母自我和儿童自我的活动，并客观冷静地协调两者之间的关系。

父母自我状态主要有两个功能。首先,父母自我状态使个人能够担负起父母般的责任,有效地开展各项活动,从而促进人类的生存。在抚养孩子方面,婴儿期就成为孤儿的人似乎比那些生长在完整家庭的人生活得更艰难。这一事实可以佐证父母自我状态在这方面的价值。其次,父母自我状态下的很多行动都是自动进行的,节省了大量的时间和精力。很多事情都是因为“本就如此”而高效地完成了。因此,成人自我状态从做无数琐碎决定的必要性中解放了出来,可以专注于更加重要的问题,把日常琐事留给父母自我状态。

由此可见,人格的这三个方面都具有较高的生存价值和生活价值。只有当其中一种或几种自我干扰到健康平衡时,分析和重新调整才有必要。换句话说,父母、成人、儿童三种自我状态都必须得到同等的重视,每一种自我状态都要在充实而高效的生活中拥有合理的地位。

参考资料

[1] Penfield, W., “Memory Mechanisms”, *Archives of Neurology & Psychiatry*, 67: 178–198, 1952.

[2] Penfield, W., and Jasper, H., *Epilepsy and the Functional Anatomy of the Human Brain*, Churchill, 1954, Chapter11.

[3] Berne, E., “The Psychodynamics of Intuition”, *Psychiatric Quarterly*, 36:294–300, 1962.

第二章 沟通分析

“沟通”是社会交往的基本单位。如果两个人(或更多的人)在社交场合相遇,那么迟早会有一个人开口说话,或者通过其他的方式承认另一个人(或其他人)的存在。这一现象被称为“沟通性刺激”(transactional stimulus)。另一个人会说或做一些与这个刺激相关的行为,这就叫作“沟通性回应”(transactional response)。简单的沟通分析是用于诊断哪种自我状态实现了沟通刺激,又是哪种自我状态执行了沟通回应。最简单的沟通形式,是交际双方在成人自我状态下的沟通所引发的刺激和回应。例如,一位外科医生(沟通刺激者)在手术台前观察了病人的基本情况后,确定了自己现在需要的是一把手术刀,于是他向身旁的护士伸出了手;而护士(沟通回应者)正确地理解了医生的手势,并且估算了递刀所需的力量和距离,最后将刀柄精确地放在了医生预期的位置上。儿童自我状态与父母自我状态之间沟通的形式也很简单。比如,发烧的孩子想喝水,于是慈爱的母亲便主动端来了一杯水。

以上这两种形式的沟通都具有一种互补性。也就是说,沟通回应者的反应恰当地符合了沟通刺激者的预期,也遵循了健康人际关系的自然规律。第一种形式可以被划分为互补性沟通1型,如图2

(a)所示；第二种形式可以被划分为互补性沟通2型，如图2(b)所示。然而，显而易见的是，沟通往往是连锁进行的，因此每一个回应都是另一个刺激。沟通的第一条规则是，沟通只要是互补的，那么就会顺利进行下去。我们可以由此推论：只要沟通是互补的，那么沟通在原则上就可以无限期地进行下去。这些规则与沟通的性质和内容无关，它们完全基于相关向量的方向。只要沟通是互补的，无论两个人是在聊八卦(父母自我—父母自我)，在解决问题(成人自我—成人自我)，还是在一起玩耍(儿童自我—儿童自我或父母自我—儿童自我)，都不会违背这条规则。

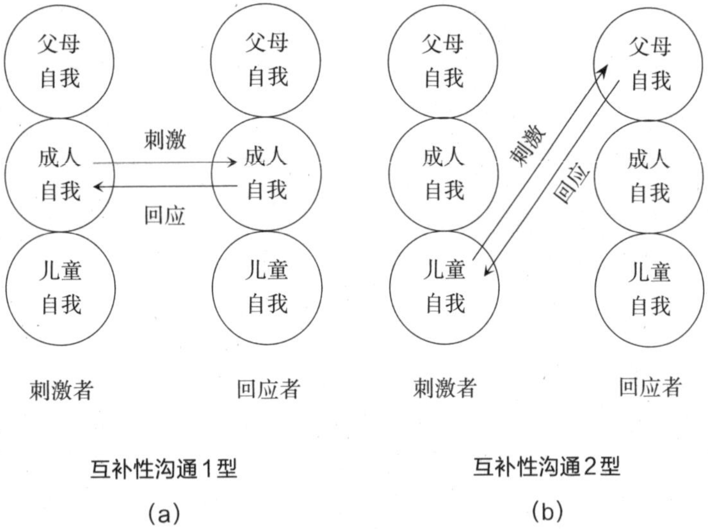

图2　互补性沟通

相反的规则是，当交错性沟通发生时，沟通则会停止。交错性沟通1型是最为常见的形式，也是世界上大多数婚姻、爱情、友谊和工作等社交困难的原因，如图3(a)所示。这种类型的沟通是心理医生最关切的问题，典型的例子莫过于精神分析学中的移情反应。以成人自我—成人自我之间的交流为例：刺激者会问，“也许我们应该找出你最近喝得这么多的原因”或者“你知道我的袖扣在哪儿吗?”最为合适的回应是“的确应该这么做，我也很想知道”或者“就在桌上”。然而，如果回应者愤怒地说：“你总是像我父亲那样批评我!”或者“你怎么什么事都怪我”，那么交错性沟通便发生了，即从成人自我—成人自我转变为儿童自我—父母自我的回应。如图3所示，向量是相互交错的。在这种情况下，只有重新排列向量，诸如酗酒和找袖扣等成人自我状态问题才有被解决的可能。重新排列所需的时间也不一，比如酗酒问题需要长达数月才能解决，而找袖扣仅需几秒钟。在这种情况下，要么刺激者进入父母自我状态，再与回应者突然被激活的儿童自我状态形成互补，要么回应者主动进入成人自我状态，再与刺激者的成人自我状态形成互补，沟通才有继续下去的可能。如果一位女佣在谈论洗碗时表达了抗议，那么这段关于洗碗的成人自我—成人自我的对话就会立刻结束。只有转变为儿童自我—父母自我之间的对话，或者换为下一个成人自我—成人自我的话题(比如解雇这位女佣的话题)，对话才能正常地开展下去。

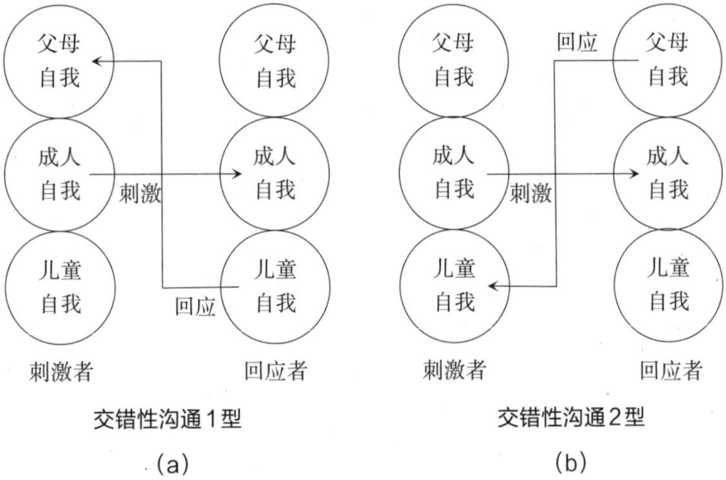

图3 交错性沟通

交错性沟通2型如图3(b)所示。这就是心理医生所谓的反移情反应。在这种反应中,患者做出一种成人自我状态下的客观观察,心理医生通过像父母对孩子说话那样做出反应,两个向量交错。在日常生活中,一个人问:"你看到我的袖扣了吗?"另一个人可能会回答:"为什么你总是丢三落四的?你已经不是小孩子了。"

图4的人际关系图展示了刺激者和回应者之间社交行为向量的9种可能性,其成像具有几何学和拓扑学的特征。两个"心理对等"的人之间的互补性沟通有$(1-1)^2$、$(5-5)^2$和$(9-9)^2$。此外,还有三种互补性沟通:(2-4)和(4-2)、(3-7)和(7-3)、(6-8)和(8-6)。其

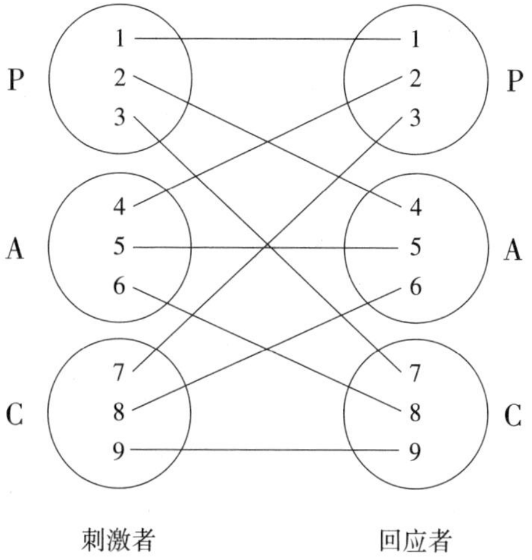

图4 人际关系图①

余的皆为交错性沟通。以图中相互交错的(3-7)和(3-7)为例:这种沟通方式意味着沉默无语的两个人正在怒目相对。如果双方都不愿意让步,那么沟通注定宣告结束,两人必然分道扬镳。对于这种情况,最常用的一个解决方法便是选择主动让步,并采取(7-3)的沟通模式,其结果便会演进为“争吵”游戏。更好的解决方法是采取$(5-5)^2$的沟通模式:双方放声大笑或握手言和。

简单的互补性沟通,通常发生在浅层的工作关系、社交关系中,它们也很容易受到简单的交错性沟通的干扰。事实上,一种浅

① P为Parent缩写,指父母自我;A为Adult缩写,指成人自我;C为Child缩写,指儿童自我。——译者注

层的人际关系可以定义为一种局限于简单互补性沟通的关系。而且,这种沟通关系一般发生在仪式性和消遣性的活动中。比这种沟通关系更复杂的是“隐性沟通”,即同时涉及两种及以上的自我状态的沟通活动。隐性沟通也是构成游戏的基础条件。推销员尤其擅长“角型沟通”,即同时涉及三种自我状态的沟通活动。让我们不妨以一个粗略但富有戏剧性的销售游戏对话为例:

销售员:“这个更好,可惜你买不起。”

家庭主妇:“那我就要这个。”

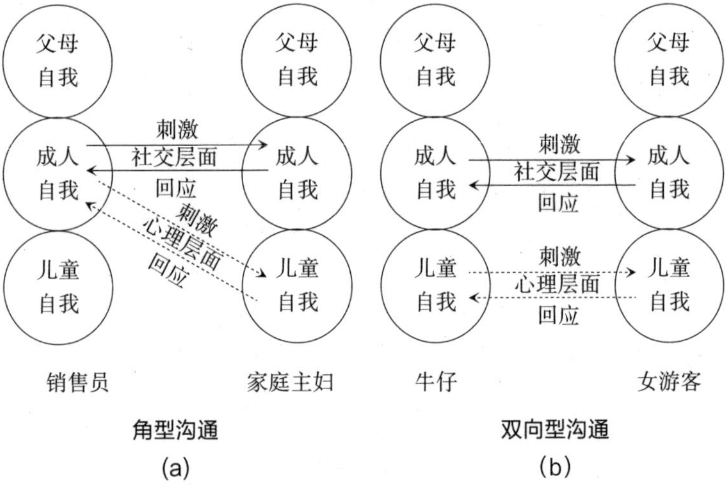

图5 隐性沟通

图5(a)形象地展示了对销售员与家庭主妇之间对话的分析过

程。销售员在成人自我状态下摆出了两条客观事实:“这个更好”和“你买不起”。在浅层的社交层面上,这两条客观事实都是针对家庭主妇的成人自我状态所述。如果家庭主妇同样处于成人自我状态,那么她会说:“你说的这两点都是正确的。”然而,从隐性的心理层面看,在训练有素、成熟老练的成人自我状态下,销售员的话术直指家庭主妇的儿童自我状态。果不其然,家庭主妇在儿童自我状态下给出的回应就像是在心里想:“不管需要花费多少钱,我都一定要向那个傲慢的家伙证明我和其他有钱的消费者一样买得起。”这两个层面的沟通都具有互补性,因为“那我就要这个”这一回应是在浅层的社交层面上以成人自我状态来完成交易的行为。

隐性的双向沟通同时涉及四种自我状态,常出现在“调情游戏”中。

牛仔:“来看看这个谷仓。”

女游客:“我从小就喜欢看谷仓。”

图5(b)展示了牛仔和女游客在浅层的社交层面上以成人自我状态对“谷仓”展开的对话。但从隐性的心理层面看,这还是两个人在儿童自我状态下对“性游戏”的交谈。从表面上看,成人自我状态看似掌握了主动权;但在大多数的游戏中,游戏结局都由儿童自我状态决定。两个人常常会在对话结束后大吃一惊。

由此可见,沟通可被分为以下几类:互补性沟通与交错性沟通;简单性沟通与隐性沟通。隐性沟通又可细分为角型沟通和双向型沟通。

第三章　程序和仪式

沟通是有序进行的，而且其顺序并不是随机的，而是遵循程序的。这种程序有以下三种来源：父母自我状态、成人自我状态和儿童自我状态。更笼统地说，这种程序源自社会、物质或个人特质。出于对适应的需要，每种社交场景都会被自我审核。直到初步审核通过后，父母自我状态和成人自我状态才会放松对儿童自我状态的保护。因此，儿童自我状态的程序常常发生在私密的社交场景中。

社交活动最简单的形式是程序和仪式。其中有些放诸四海而皆可行，有些仅限于个别地区，但所有的程序和仪式都需要一个学习的过程。程序是在成人自我状态下的一系列简单的互补性沟通，其目的是操控现实。现实的定义有两个方面：静态和动态。其中，静态现实包含了宇宙中物质的所有潜在的排列顺序。比如，算术便是一种关于静态现实的陈述。动态现实则可以定义为宇宙中所有能量系统相互作用的各种可能性。比如，化学便是一种关于动态现实的陈述。程序是基于对现实物质的数据处理和概率估算，其目的是将专业技术发展到最高点。驾驶飞机和切除阑尾等技术也都是程序。同样的，心理医生在成人自我状态下对患者的治疗也是一种程序。而当心理医生转换为父母自我状态或儿童自我状态时，心理治疗将不再是一种程序。程序的形成由物质决定,并以刺激者在成人自我状态下做出的评估为基础。

在评估程序的过程中需要涉及两个变量:效率和效果。不管刺激者的知识是否存在漏洞,只要他能充分利用已有的经验和资料,那么程序就是有效率的。如果父母自我状态或儿童自我状态干扰了成人自我状态对经验和资料的使用,那么程序的效率就会大打折扣。程序的效果是根据实际的结果来判断的。因此,效率是心理标准,效果是物质标准。比如,一名助理医生能高效地运用他所掌握的知识,进行摘除白内障的手术。但由于他掌握的专业知识比另一位主刀医生要少,助理医生的手术效果相比之下就没有那么明显了。但当主刀医生开始酗酒后,他的效率就会开始下降。在酗酒初期,他的手术效果并不会受到太大的影响。但随着酒瘾的进一步加剧,他的手会开始颤抖。而那位助理医生不仅会在工作效率上赶超主刀医生,而且在治疗效果上也会遥遥领先。[①]从这个例子中可以看出,评估这两个变量的最佳人选应当是同一领域的专家:根据对程序实施者的个人认识,可以评估其效率;而根据对实际结果的考量,可以判断其效果。

从当时的观点来看,仪式是由一系列刻板的、简单的、互补的沟

①作者本想通过地域差异(即热带地区医生不如欧洲地区医生)体现两位医生水平差异,为方便读者理解,译者通过职位高低(助理医生不如主刀医生)体现。——译者注

通行为构成的，而仪式是由外部社会力量决定的。尽管日常生活中的仪式（比如告别）的基本形式一致，但在不同的地区有很多细节上的差异；而像罗马天主教弥撒这样正统的仪式则更加统一。父母自我状态下的传统决定了仪式的形式。虽然现代的父母自我状态对仪式的影响具有一致性，但其影响力不仅不稳定，而且仅限于一些次要的方面。一些具有特殊历史和人类学意义的正统仪式都可分为两个阶段：一是在父母自我状态的严格约束下进行的沟通；二是通过父母自我状态的审核后，儿童自我状态或多或少地获得了沟通的自由，一场狂欢随之而来。

虽然许多正式的仪式起初是相当有效的程序，但随着时间的推移和环境的变化，这些仪式丧失了所有程序上的有效性，但仍然保留着维系信仰方面的作用。从沟通的角度来说，这些仪式是为了减轻愧疚和寻求奖励，是对传统的父母自我状态的顺从。而且，它们提供了一种安全可靠、驱邪消灾、令人愉快的时间规划方法。

作为游戏分析的简单介绍，更重要的是非正式的社交礼仪，其中最具启发性的是美式问候。

1A:“嗨!”(哈喽，早上好。)

1B:“嗨!”(哈喽，早上好。)

2A:“今天的天气还算暖和，是吧?”(你好吗?)

2B:“没错，不过看起来快要下雨了。”(很好，你呢?)

3A:“嗯,保重。”(挺好的。)

3B:“回头见。”

4A:“再见。”

4B:“再见。”

很明显,这种交流并不是为了传达信息。事实上,即使这种交流传达了信息,那些信息也被巧妙地扣留了。A先生如果想要把自己的近况交代清楚,至少需要15分钟的时间;而B先生与A先生只是泛泛之交,根本不想花那么多的时间去听A先生说话。我们可以将这一系列的沟通称为8个安抚仪式。如果A先生和B先生都在赶时间,那么他们很有可能仅仅完成2个安抚仪式,即“嗨—嗨”。如果A先生和B先生都是老派的权贵,那么他们很有可能要经历200个安抚仪式后,才开始谈论要紧事。从沟通分析的角度看,A先生和B先生在一定程度上都稍稍促进了彼此的健康状况;至少就那一刻而言,他们的“脊髓不会萎缩”,因此每个人都对对方心怀感激。

这一安抚仪式是以双方仔细的直觉计算为基础。在他们相识的这个阶段,他们认为自己每次见面都欠对方4个安抚,而且一天不超过一次。如果他们很快又碰面了(比如说在半小时之内),而且两人也没有什么事情需要交流的话,他们就会不动声色地擦身而过,或者只是稍微点一下头,顶多只会敷衍地打声招呼(“嗨—嗨”)。这一计算活动不仅在很短的时间内发挥作用,而且在长达几个月的时间里也同样有效。让我们现在假设:C先生和D先生每天碰面时,都会在互相问好后,各自上路。C先生外出度假了一个月。回来后的第二天,他像往常一样遇到了D先生。在这种情况下,如果D先生只是说了一声“嗨”后,就不再多说,C先生就会感觉受到了冒犯,“他的脊髓就会稍稍萎缩了一点”。根据C先生的计算,他和D先生欠了彼此大约30个安抚。如果他们俩都很重视对方,那么这30个安抚可以在几次沟通中完成。D先生可以这么说(一次“重视”或“感兴趣”相当于一个单位的安抚)。

1D:“嗨!”(1个单位)

2D:“好久不见了。”(2个单位)

3D:“哎呀,还真是!你上哪儿去了?”(5个单位)

4D:“听上去真有意思。感觉如何呀?”(7个单位)

5D:“你的气色看上去真不赖。”(4个单位)

“和家人一起去的吗?”(4个单位)

6D:“很高兴再看到你。”(4个单位)

7D:“再见。”(1个单位)

在这样的一番对话中,D先生一共给出了28个单位的安抚。他和C先生都很清楚剩下几个单位的安抚会在第二天补上,所以现在双方的“账目”基本上算是两清了。两天后,他们又将继续沿用以往的2个安抚仪式("嗨—嗨")。但现在他们更了解彼此了。也就是说,他们都知道对方是可靠的。如果之后再在社交场合碰面,提前确定这一点对他们俩来说都是有用的。

相反的情况也值得考虑。E先生和F先生之间也遵循2个安抚仪式("嗨—嗨")。有一天,E先生碰到了F先生,于是停了下来。

1E:"嗨!"

1F:"嗨!"

2E:"你好吗?"

2F(迟疑了一下):"挺好的,你呢?"

3E:"一切都很好。今天的天气还算暖和,是吧?"

3F:"是啊。(谨慎地暂停一下)不过,看起来快要下雨了。"

4E:"很高兴再见到你。"

4F:"彼此彼此。不好意思啊,我还得在图书馆关门之前去找本书,再见。"

5E:"再见。"

于是,F先生匆匆而去,心里很纳闷:"E先生怎么突然这样了?是想卖我保险,还是想找我借钱?"用沟通的术语来说,就是"他明明只欠我1个安抚,为什么要给我5个呢?"

由此可见，沟通礼仪具有一种交易的性质。更简单的例子是，当G先生说“嗨”时，H先生没有回答，就走开了。G先生心想：“他今天怎么了？”用沟通的术语来说，就是“我明明给了他1个安抚，他为什么没有还我1个呢？”如果H先生继续对其他熟人这样做的话，他一定会引起人际圈里的一番热议。

在程序和仪式之间模棱两可的边界地带，我们有时难以定夺。外行人士常常会把专业程序称为仪式，而现实却是每一次沟通都建立在合理的、甚至是至关重要的经验基础之上。然而，外行人士并没有这种背景知识来理解这一点。相反，专业人士常常在为那些仍然需要通过程序才能进行的仪式找到合理的解释，而且会以外行人士缺乏理解能力为由，驳斥他们的质疑。但也存在一些冥顽不灵的专业人士，他们会以合理的新程序是仪式为由，嘲笑和反对它们。其中，塞麦尔维斯(Semmelweis)[①]和其他革新者们便遭受了抵制和打压的命运。

---

① 塞麦尔维斯发现了由医学生接生的产妇容易患一种叫产褥热的疾病，死亡率是接生婆接生的若干倍。后来，经过细致观察分析，他排除了许多可能因素，最后怀疑是医学生上解剖课或做尸检后不洗手直接为产妇检查和接生所致。因此，他改变了操作规范，要求医学生在检查产妇前必须用柠檬漂白粉水洗手，收到意想不到的效果。之后，在维也纳医师公会的演讲会上，塞麦尔维斯报告了产褥热发生的原因和预防方法。宣布“是医生们自己受污染的双手和器械，把灾难带给了产妇”这一结论时，受到了那些专家和权威的抨击，最终导致这位来自异乡的青年医生当年就离开维也纳，回到祖国匈牙利的首都布达佩斯。但在这些长期的非议和责难下，塞麦尔维斯的精神开始错乱。1865年他被妻子和朋友送进了疯人院，塞麦尔维斯离开人世时47岁。——译者注

程序和仪式的本质和相似之处在于两者都有特定的类型。第一次沟通一旦开始,之后一系列的过程都是可以被预测到的。除非中途出现了特殊的情况,否则整个过程都会朝着预测的方向发展,直至走向注定的结局。

程序和仪式之间的区别在于预设的起源:程序由成人自我状态决定,仪式由父母自我状态决定。那些反感和不擅长仪式的人有时会利用程序来逃避仪式。那些在聚会上喜欢帮助女主人准备食物和饮料的人便是典型代表。

第四章　消遣

消遣发生在复杂的社交场合和社交时机中,因此消遣本身也具有不同程度的复杂性。然而,如果说一次沟通是社交的单位,那么我们可以从不同的社交情境中划分出“消遣”这一简单的类别。我们可以把消遣定义为一种围绕特定物质主题的一系列仪式性的、简单的、互补的沟通行为,其主要目的是规划每一段时间间隔。间隔的开始和结束通常由程序或仪式触发信号。为了双方在间隔中获得最大化的收益,沟通会相应地调整。参与者适应得越好,就越能从中获益。

消遣通常会在派对(即“社交聚会”)上、正式小组会议开始前的等待期间进行。这种“等待”与“回避”具有相同的结构和动力。消遣常常是以“闲聊”的形式进行,也可能演变为严肃的对话(例如辩论)。一场大型的鸡尾酒派对就像一场可供消遣的画展:在派对的一角,一群人正在参加“家长会”;在派对的另一角,一群人正在召开“精神病学”研讨会;在派对的第三个角,一群人在大谈“曾经去过的地方”和“某某后来怎么样了”;在派对的最后一个角,一群人在探讨“通用汽车”。至于派对的自助餐区,则是为谈论“厨房”和“衣柜”的女士提供的消遣区域。在同一场派对上,好几个小聚会同时上演,它们几乎遵循着完全相同的程序,只不过名称各不相同;可能还有几波来自不同社会阶层的人同时在不同类型的聚会中消遣。

消遣有不同的种类。社会学分类的主要依据来自外部因素，其中包括性别、年龄、婚姻状况、文化、种族、经济等。“通用汽车”（比较汽车品牌）和“比赛结果”（体育赛事）是男性话题；“杂货店”“厨房”“衣柜”是女性话题；“亲热”是青少年最爱谈论的话题。步入中年的标志是越来越爱谈论“财务状况”。

闲聊在不同的社会阶层存在不同的变体。比如，“怎么做”这样的话题很容易打发短途飞机旅行的时间；“多少钱”是中下阶层人士在酒吧里最爱的话题；“曾经去过的地方”是中产阶级喜爱的话题（尤其是像销售员这样的“老手”）；“你知道吗”是孤独人群最喜爱谈论的；富人和穷人都爱讨论“某某后来怎么样了”的话题；雄心勃勃的年轻人则爱谈论“酒醒后的第二天早上”和“马提尼酒”的话题。

对消遣的结构性沟通的分类非常个人化。以“家长会”为例：在儿童自我—儿童自我的状态下，消遣的形式是“你如何应对冥顽不灵的父母”；在成人自我—成人自我的状态下，消遣的方式是较为恰当的，尤其在受过良好教育的母亲群体中最为常见；对于年纪稍长的人来说，他们会在父母自我—父母自我的状态下，以教条的方式谈论诸如“青少年犯罪”等问题。一些已婚夫妇会玩“亲爱的，告诉他们”的游戏。这是一种儿童自我—父母自我的状态下的消遣形式，适用于所有年龄段的人。妻子会进入父母自我状态，而丈夫表现得就像一个早熟的孩子，在向自己的母亲炫耀：“看，妈妈！我可以撒手骑车！”有时，这一消遣也会演变为“哪有这回事”的对话。

相比之下，对消遣的心理学分类更有说服力。无论是“家长会”，还是“精神病学”研讨会，都能以“向外投射”和“向内投射”两种形式开展。图6(a)展示了向外投射型的“家长会”(父母自我—父母自我的状态)：

A：“如果没有那么多破裂的家庭，也就没有那么多的罪犯了。”

B：“更糟糕的是，即使在完好的家庭里，父母也不再像从前那样教育孩子要有礼貌了。”

向内投射型的“家长会”通常会采用成人自我—成人自我的状态进行对话：

C：“我似乎不配做一位母亲。”

D：“无论你多么努力，孩子们永远都不会按照你的想法成长，所以你必须不停地思考你做的是否正确，反思自己犯了哪些错误。”

向外投射型的“精神病学”研讨会通常会采用成人自我—成人自我的状态进行对话：

E:“我认为他是因为在口唇期没有得到满足,所以才下意识地做出那样的事情。”

F:“你似乎很好地升华了你的攻击性。”

图6(b)展现了向内投射型的“精神病学”研讨会(另一种成人自我—成人自我的状态下的消遣):

G:“在我看来,这幅画很像一幅涂鸦。”

H:“对我来说,我画画是为了取悦父亲。”

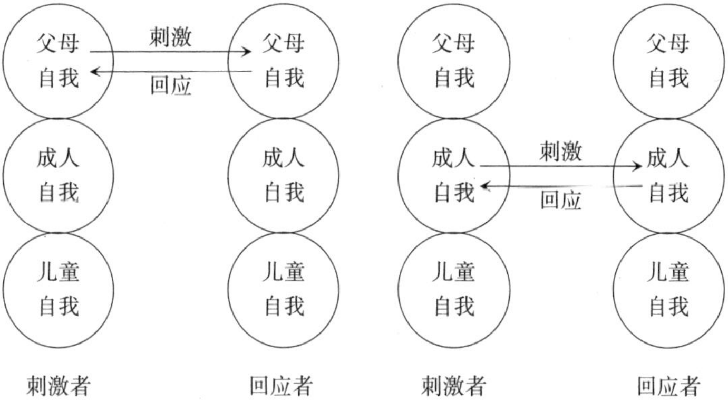

向外投射型的“家长会”:
“青少年犯罪”
(a)

向内投射型的“精神病学”
研讨会:“精神分析”
(b)

图6 消遣

消遣不仅可以规划时间，而且为各方提供合意的安抚。除此之外，它还具有社交选择的附加功能。当一种消遣正在进行时，每一个处于儿童自我状态下的人都在仔细地评估其他参与者的潜能。在派对结束时，每个人都会选中几位心仪的对象，方便日后继续沟通；而没有被选中的人无论多么擅长交际，或者多么令人愉悦，都会被排除在外。被选中的人是那些看起来最有可能发展复杂关系的候选人，即游戏关系的参与者。无论这种筛选和分类的标准看上去有多么合理，实际上在很大程度上它们都是无意识的、出于直觉的选择。

在某些特殊的筛选过程中，成人自我状态会优先于儿童自我状态。其中，擅长社交消遣的保险推销员是最为典型的代表：当消遣游戏开始时，他会在成人自我状态下瞄准潜在的目标客户，进而找机会与他们深交。保险推销员对消遣游戏的熟练程度，以及他与潜在客户的趣味相投，都与无意识的、出于直觉的选择无关。在大多数情况下，他的选择是基于外部因素，比如对方的经济实力。

然而，消遣还具有一种特殊的排他性。比如，男性话题和女性话题并不能混在一起。如果一个正在侃侃而谈“曾经去过的地方”的人遇到了一位插嘴谈牛油果“多少钱”和“酒醒后的第二天早上”的人，那么他一定会变得非常恼怒。同样的，在“家长会”上，向外投射型的人非常不希望遇到向内投射型的人（向内投射型的人的反感并没有那么强烈）。

消遣是选择朋友的基础,也是通往友谊之路的起点。一群女士每天早上都会聚在一起喝咖啡,聊自己“失职的丈夫”。如果一个新加入的成员聊起了“只煎一面的荷包蛋”,那么那群女士一定会对她冷眼相待。如果一个新加入的成员夸赞起自己的丈夫有多么好,那么那群指责丈夫各种不好的女士则会感到不安,同样不会接纳这位新成员。因此,在一场鸡尾酒会上,如果有人想从一个角落转到另一个角落,他要么加入大家的消遣话题,要么将大家引入一个新话题的消遣中。当然,一位擅长交际的人能立刻控制大局,并按照自己的计划行事。比如,他可能会提议:“让我们开展一场向外投射型‘家长会’吧,你们意下如何?”还有可能说:“我们聊‘衣柜’已经聊得够久了。给大家介绍一下J先生,他是一位作家/政治家/医生。我很确定他很想玩的是‘看,妈妈!我可以撒手骑车!’J先生,是吗?”

从消遣中获得的另一个重要好处是自我角色的确定与心理立场的巩固。这里的角色类似于荣格所说的“人格面具”[①],只不过投机取巧的动机更少,也更深地植根于个人的幻想。因此,在向外投射型“家长会”的场合中,一个人既可能会扮演严厉的父母自我,也可能扮演正直的父母自我,还可能扮演溺爱的父母自我或者乐于助人的父母自我。这四种父母自我状态就像是四个角色,展现了同一

① 荣格将一个人的人格比喻为面具,强调人们在不同的社交场合中会表现出不同的形象,也就是戴上不同的面具,因此面具并不只有一个,而人格就是所有面具的总和。——译者注

个自己的不同面。当其中一个状态没有遭遇任何的对抗,或者由于遭遇对抗而得到了增强,或者得到了其他人的安抚和认可,那么这一状态便会占据主导地位,进而显现出来。

一旦确定了自己的角色,个人的心理立场也就同时得到了巩固。这就是由消遣带来的存在性益处。心理立场是一句简单的断言,但足以影响一个人全部的沟通活动;从长远来看,心理立场甚至决定了一个人和他的后代的命运。心理立场或多或少是一种绝对的存在。在向外投射型的"家长会"中,典型的心理立场包括"所有的孩子都是坏孩子!""只有我的孩子是好孩子!""所有的孩子都是不幸的!""所有的孩子都在遭受迫害!"四种。这些立场可能会分别产生严厉、正直、溺爱、乐于助人的父母角色。事实上,一种立场主要是由心理状态反映的,而个人正是在利用这种状态构建自己的角色,进行沟通活动。

令人惊讶的是,这些心理立场形成的时间非常早,从人生第二年(甚至是第一年)到第七年之间就已经确定了。也就是说,人们在尚未具备足够的能力和经验之前,就拥有了如此郑重的信条。此外,根据一个人的心理立场,我们不难推断他经历了一个怎样的童年。除非有事件或他人的介入,否则他在余生中都将稳固自己的心理立场,通过回避、抵御、操控的方式应对心理立场构成的威胁,将这些威胁转化为支持心理立场的正当理由。消遣如此刻板的一个原因正是它们服务于这种刻板的目的。但消遣所提供的好处表明了为什么人们会乐此不疲，以及为什么与有益或善意的心理立场的人一起玩会如此愉快。

消遣与活动之间的区别并不显著，而且两者经常会相伴发生。许多常见的消遣是由心理学家所谓的“多项选择—句子填空的交流”的结构构成的。以“通用汽车”为例：

A：“与福特/雪佛兰/普利茅斯的汽车相比，我更喜欢福特/雪佛兰/普利茅斯，因为……”

B：“嗯，我选择福特/雪佛兰/普利茅斯的原因是……”

显而易见，在这种刻板的消遣中，实际上也表达了一些有用的信息。还有一些常见的消遣值得一提：“我也是”常常是“这还不糟吗”的变体，“他们为什么不做点什么”是那些不想获得解放的家庭主妇最爱谈论的话题，“那我们就做点什么”是儿童自我—儿童自我状态式的消遣，少年犯和无赖的成年人喜欢说“让我们去干点什么”。

第五章　游戏

定义

游戏是一系列持续的、互补的、潜在的沟通，并且游戏最终会逐步走向一个明确的、可预测的结果。换句话说，游戏是一系列反复出现的沟通，往往具有重复性，表面上看似真实，实际上却暗藏动机。通俗一点来说，游戏是包含招数或“机关”的一系列举动。游戏与程序、仪式和消遣有着显著的差异，主要有以下两个特征：①潜在性；②结局。程序可能是成功的，仪式可能是有效的，消遣可能是有益的，但这三者都不具有潜在性；它们之间可能涉及竞争，但不会冲突，结果可能具有轰动性，但绝无戏剧性可言。另一方面，每一类游戏或多或少都包含欺骗的成分，其结局不仅仅令人兴奋，更具有一种戏剧性。

我们需要将游戏与到现在为止还未被讨论的社交行为区分开来。首先，“操作”(operation)是一种为特定的、明确的目的而进行的简单沟通。比如，如果一个人坦率地要求从他人那里得到安慰，并且最终得到了，那么这就是“操作”；但如果有人要求得到安慰，反而在得到后以某种方式导致给予者处于不利的地位，那么这就是游戏。从表面上看，游戏看起来像是一套操作，但在获得报偿后，实际上是一种巧妙的“操纵”(manoeuvres)。我们会发现这些操作并非出于真诚的请求，而是一种游戏中的行动。

例如，在“保险游戏”中，如果保险推销员是一位厉害的玩家，那么无论他表现得多好，他都是在努力寻找潜在的客户。如果他的努力值得获得回报，那么他之后就会“狠赚一笔”。诸如“房地产游戏”等相似的职业游戏同样符合上述现象。因此，当一个推销员在社交聚会上忙于消遣(特别是参与各种各样关于“财务状况”的话题讨论)时，他实际上是在挖掘与自身职业和利益相关的信息，但他同时又隐藏了一系列训练有素的策略。目前，有几十种商业杂志致力于改善商业操控的行为，介绍了大量优秀的“游戏”和有趣的“玩家”(即做大交易的企业家)。不过，从沟通的角度看，这些杂志只不过是《体育画报》(*Sports Illustrated*)、《国际象棋世界》(*Chess World*)和其他体育杂志的变体。

就角型沟通而言，这些游戏是在成人自我状态的控制下，为了谋求收益的最大化，有意识地以专业精确性进行策划的。从详细的实行计划和心理技巧来看，20世纪初盛行的大型“骗局游戏”是难以超越的。[1]

然而，我们在这里所关心的是，很多懵懂无知的人在毫不知情的情况下参与了双向型沟通中的游戏，而游戏正是构成世界各地社交生活最重要的方面。此外，由于游戏具有动态的属性，我们很容易将其与源自心理立场的静态态度区分开来。

“游戏”这个词的使用不应具有误导性。正如我在引言中所解释的那样，游戏并不一定意味着好玩和有趣。阿瑟·米勒(Arthur Miller)在他的戏剧《推销员之死》(*The Death of a Salesman*)中清晰明了地指出，许多推销员并不认为他们的工作是有趣的。此外，游戏也并不缺乏严肃性。无论是运动员还是观众，他们对待足球比赛的态度实际上都非常严肃。对于“酒鬼”和“三级挑逗”这样的沟通游戏，更应该严肃对待。

“玩”这个动词也同样如此。相信“玩”扑克牌或者“玩”股票的老手都可以证明这一点。人类学家们都知道“游戏”“玩”及其潜在后果的严肃性。司汤达在《巴马修道院》(*The Charterhouse of Parma*)里详细描述的“溜须拍马”很有可能是有史以来最为复杂也最为严肃的游戏。而比严肃更加严酷的游戏非“战争”莫属。

经典游戏

用通俗的话来说，夫妻之间最常玩的游戏是“要不是因为你”。我们将以此为例，说明游戏的总体特征。

白方[①]太太抱怨自己的丈夫严格限制她的社交活动，所以她才从来没有机会学会跳舞。经过一段时间的心理治疗后，白方太太改

① 作者在书中使用多个颜色(黑白红绿棕等)的英文作人名举例。——译者注

善了自己对丈夫的态度，而她的丈夫也不再那么专横，对她越来越宽容了。这样一来，白方太太可以自由地扩大自己的社交活动范围。于是，她报名了舞蹈课，然后绝望地发现她对舞池有一种病态的恐惧，只好放弃了跳舞的想法。

这次不幸的尝试，以及类似的事件，暴露了白方太太婚姻结构的一些重要方面。首先，她从众多的求婚者中挑选了一个盛气凌人的男人做自己的丈夫。那她就可以抱怨“要不是因为你”，她就可以尝试各种各样的事情。其次，她的很多同性朋友也有一位专横的丈夫。她们一起在早上喝咖啡时，会花很多时间玩“要不是因为他”的游戏。

然而，事实证明，与她的抱怨恰恰相反，她的丈夫之前对她的限制，是在帮助她避免接触会让她感到深深恐惧的事情，而她本人甚至都未曾意识到自己的恐惧。这正是她的儿童自我精明地选择了这样一位丈夫的原因。

但事情远不止这些。丈夫的禁令和她的抱怨经常导致激烈的争吵，严重地影响了他们的性生活。由于丈夫的愧疚感，白方太太常常会得到很多本来不会得到的礼物。当然，白方太太获得了更多的自由后，得到礼物的次数和数量都会相应地减少。她和丈夫除了家庭琐事和孩子，没有什么共同的话题，所以争吵成为夫妻生活中最重要的事情。换句话说，在他们相处的场合中，除了偶尔随意的闲聊，就只剩下争吵。最终，她的婚姻生活印证了她一直坚信的事情——所有的男人都是卑鄙专横的。事实证明，白方太太形成这种态度的原因与她早年幻想遭受性虐待的经历有关。

我们可以从很多方面大致概括游戏。首先,游戏很明显属于社会动力学(social dynamic)这一大领域。通过婚姻关系,白方夫妇有了一个相互交流的机会。这种机会可以称为“社交接触”(social contact)。夫妻利用这一机会,形成“社交性群集”,组建了自己的家庭。与纽约的地铁列车相比,乘客们虽然在同一个空间里相互接触,但他们很少利用这个机会建立社交团体。白方夫妇对彼此行为和反应的影响构成了社交行为(social action)。不同的学科能从不同的角度来研究这种社交行为。我们在书中关注的是个人的经历和心理动力,因此从社会精神病学(social psychiatry)的角度进行研究,同时也会对游戏的“健康性”有一些隐含或明确的判断。这与社会学和社会心理学中较为中立和不太坚定的立场存在些许不同。精神病学领域中常常保留“再等一下”的权利,其他的学科却不是这样。沟通分析是社会精神病学的一个分支,而游戏分析是沟通分析中较为特殊的一面。

在实际操作的层面,游戏分析对应的是在特定情境下出现的特定情况。在理论的层面,游戏分析试图抽象地概括各种游戏的特征,其目的是能在脱离瞬时言语内容和文化大背景的情况下,识别这些游戏。例如,从理论层面分析“要不是因为你”时,在婚姻状况的过程中,无论是婚礼派对还是为孙辈买钓竿的经济问题,无论是在新几内亚丛林中的村庄还是在曼哈顿的顶层公寓里,无论夫妻双方的行为是直白还是委婉，都应该根据他们之间默许的坦诚程度轻易地指出游戏的特点。一个游戏在社会中的流行程度是社会学和人类学研究的问题。作为社会精神病学的一部分，游戏分析不关注游戏发生的频率，只对游戏发生时的描述感兴趣。两者的区别类似于公共卫生和内科之间的差别，并不复杂：前者聚焦于疟疾的流行问题，后者研究的是患有疟疾的病例，无论是在丛林还是在曼哈顿。

下面给出的是目前对游戏分析在理论层面最有效的方案。毫无疑问，随着知识的发展和积累，它将会得到进一步的完善。我们需要识别符合游戏标准和固定顺序的操作行为，接着需要尽可能多地收集游戏案例。然后，根据案例的不同特征进行分类。在此过程中，一些重要的方面得以显现。最后，在当前的知识背景下，为不同的分类确定有指导性和有意义的名称。游戏分析在某个视角下进行，比如“要不是因为你”的游戏便是在白方太太的视角下进行的。

正游戏：对游戏的一种整体概述，包括社交层面的连续性事件，以及心理层面的背景、演变和意义。在“要不是因为你”的婚姻状态下，各种细节信息发挥了作用(见第44—46页)。

反游戏：在没有得到最终的证实之前，认为连续性事件构成游戏的理论始终是一种试验性的假设。通过拒绝游戏或终止游戏的益处，都可以进行游戏理论的验证。当一个玩家决定退出游戏或者成功终止游戏时，游戏发起者将会为继续游戏而付出更多的努力。

当他的努力宣告失败后，他会陷入所谓的“绝望”的状态中。虽然这种状态在一些方面与“抑郁”很相似，但二者在其他方面存在显著的不同。绝望不仅更加严重，还包含挫败和困惑的情绪，不知所措的哭泣便是具体的表现之一。如果治疗成功的话，幽默的欢笑将会取代绝望的状态。同时这意味着成人自我状态的回归。因此，绝望是成人自我关心的问题，而儿童自我负责抑郁的问题。与抑郁状态相反的是对周围的环境充满希望、热情和热烈的兴趣；绝望的状态的反面则是大笑。因此，治疗性的游戏分析具有令人愉快的特性。“要不是因为你”的反游戏是“纵容”。只要丈夫一直禁止妻子的行为，游戏就可以一直进行下去。就像白方太太的案例中所展示的那样，如果丈夫不再对妻子说“你敢！”而是说“去吧！”，那么妻子内心潜在的恐惧就会暴露出来，也就无法再拿“要不是因为你”来攻击自己的丈夫了。要对游戏有清晰的认识，就必须了解反游戏，并在实践中验证反游戏的成效。

目的：在这里，只能简单概括游戏的一般目的。有时候，游戏会有多个目的。“要不是因为你”的游戏目的要么是为了获得消除疑虑的安慰（“不是我害怕去尝试，而是他压根不让我去”），要么是为了给自己辩护（“不是我不去尝试，而是他拖了我的后腿”）。安慰的功能更明显，也更符合妻子对于安全的心理需求。因此，在大多数情况下，“要不是因为你”的游戏目的就是获取心理安慰。

角色：如前所述，自我状态不是角色，而是一种现象。因此，我们必须从形式上区分自我状态和角色。根据角色的数量，游戏可以被分为双人、三人、多人等形式。有时，每个游戏参与者的自我状态与他的角色相一致，有时则不然。“要不是因为你”便是双人游戏，即一个受到限制的妻子和一个专横的丈夫。妻子既可以保持谨慎的成人自我状态（“照他说的做是最好的”），也可以切换为任性的儿童自我状态。专横的丈夫既可以保持成人自我状态（“照我说的做是最好的”），也可以切换父母自我状态（“你最好照我说的做”）。

心理动力：在关注每个游戏案例背后的心理动力时，还有其他的方法。然而，本书挑出一种可以有效、恰当地概括游戏的心理动力概念。“要不是因为你”的心理动力最有可能来源于恐惧。

例证：研究游戏的童年期起源或婴儿期原型具有指导意义，因此探究与其相关的信息，并做出正式的描述是非常有价值的。碰巧的是，儿童和成年人玩“要不是因为你”的频率基本上是一样的。所以，无论是儿童版本还是成人版本，游戏本身都是不变的，只是真正的父母代替了专横的丈夫。

沟通范式：对一个典型情景进行沟通分析，从社交和心理两个层面揭示了隐蔽其中的沟通。在戏剧性的社交情境中，“要不是因为你”是一款亲子游戏（父母自我状态—儿童自我状态）：

白方先生：“你不准出门，好好看家。”

白方太太：“要不是因为你，我早就出去玩了。”

从心理层面上看，“要不是因为你”是截然不同的孩童游戏(儿童自我状态—儿童自我状态)，而且其中隐藏了婚姻性质的沟通：

白方先生：“我回来的时候，必须看到你在家。我害怕一个人在家。”

白方太太：“如果你能让我不再置身于恐怖的情境中，那我就会乖乖在家。”

这两个层面如图7所示：

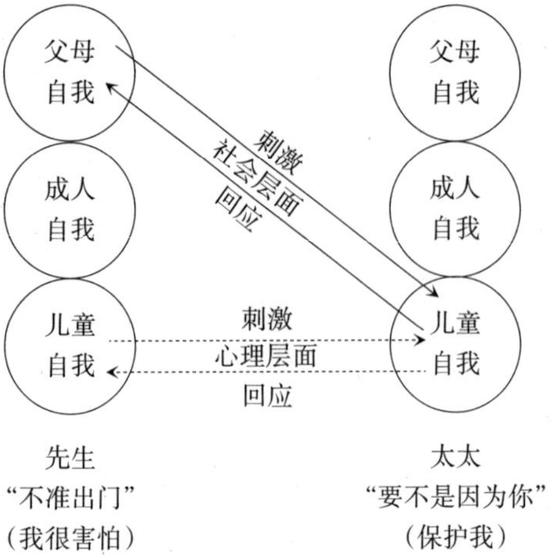

图7 “要不是因为你”的游戏

举动：游戏中的举动与仪式中的安抚相似。就像玩任何游戏一样，玩家们的技巧会越来越娴熟。无用的举动会被淘汰，越来越多的目的性会被凝聚在每一个举动中。“美好的友谊”通常是基于玩家在经济上和情感上的相互满足，所以他们在游戏中付出最少的努力就能获得最大的收益。此外，一些调解性、预防性、让步的举动可以自然而然地发生，保持这段关系的高度优雅。在防御性操控上节省的精力可以用于进一步完善人际关系。这样的结果不仅可以让玩家双方感到愉悦，有时也会让在场的其他人感到高兴。我的学生注意到，在进行游戏时，有一些最基本的、但也是至关重要的举动，这些举动可以在社交礼节中加以说明。每个玩家会根据自己的需求、才能和心愿，对这些基本举动加以修饰或增加。“要不是因为你”的游戏结构如下：

命令—顺从（“你必须待在家里”—“好的”）

命令—抗议（“你必须待在家里”—“这由不得你”）

益处：游戏的一般益处在于稳定（自我平衡）的功能。安抚促进了生理性的平衡，而心理立场的确认巩固了心理状况的稳定。如前所述，安抚有多种形式，所以游戏的生理性益处可以用触觉术语来表述。从这个角度看，在“要不是因为你”的游戏中，丈夫的角色就像是一种间接的耳光。而这种耳光与直接的耳光截然不同，后者是一种直接的羞辱；而妻子的反应就像是对丈夫的小腿乱踢一脚一样。因此，“要不是因为你”的生理性益处来自夫妻之间暴躁的交锋。这一沟通虽然会产生痛苦，但仍然能够有效地维持神经组织的健康状态。

其中，妻子通过“要不是因为你”确定了心理立场——“所有的男人都是暴君”，从而获得了存在性益处。恐惧症所固有的对屈服的心理需求导致了这样的一种立场。每一种游戏的基本连贯结构都隐含了一种心理立场。如果展开来说的话，妻子的心理立场是“如果我独自一人在人群中，我就会被诱惑所征服；在家里，虽然他控制着我，但我反而不会被诱惑所征服。这恰恰证明了所有的男人都是暴君。”因此，很多喜爱幻想的女性常常会玩“要不是因为你”的游戏。这意味着在强烈的诱惑下，她们难以保持成人自我状态。对此类机制的详细阐释属于精神分析的范畴，而非游戏分析。在游戏分析中，最终结果才是最主要的关注点。

游戏的内在心理益处是其对心理经济(即力比多)的直接影响。在“要不是因为你”的游戏中，社会实际上默许了“向丈夫的权威屈服”这一现象，这让女士们免于遭受神经质的恐惧。与此同时，它还可能满足了妻子受虐的心理需求。这里所说的受虐需求并不是指自我克制，而是在剥夺、羞辱和痛苦的情况下产生的性快感。也就是说，被剥夺和被支配会让她感到兴奋。

游戏的外在心理益处是通过玩游戏来回避恐惧。这一点在“要不是因为你”的游戏中非常明显，尤其体现在妻子的心理动力上：通过服从丈夫的要求，避免让自己出现在害怕的公共场合中。

当个人在亲密关系中玩游戏时，内在社交益处便会产生。通过服从，妻子获得了说出“要不是因为你”的特权。在白方太太的例子中，由于夫妻之间缺乏共同的兴趣爱好（尤其是在他们的子女出生之前和孩子长大后），这种对结构化的需求尤为强烈。在共同抚育孩子期间，孩子自然而然地占据了夫妻的共同时间，而且向夫妻双方提供了一个更容易接受的“要不是因为你”的变体游戏——“忙碌的家庭主妇”。即使美国的年轻主妇通常真的很忙，也不会影响对这一变体游戏的分析。游戏分析在这里仅仅试图不带偏见地回答一个问题：当一位年轻女性非常忙碌时，她会如何利用自己的忙碌来获得一些补偿？

在社会沟通中对环境的利用设定了游戏的外在社交益处。在“要不是因为你”的游戏中，妻子会对丈夫说“要不是因为你”，而对在早上一起喝咖啡的朋友说“要不是因为他”。在这里，我们再次看到了游戏对选择社交伙伴的影响。而且，刚刚搬来的新邻居也被邀请参加“要不是因为他”的游戏。如果她玩得非常好，在其他条件不变的情况下，她很快就能成为这些“老前辈”的知心朋友。如果她对这个游戏很抗拒，坚持说丈夫的好话，那么她是无法融入这个小圈子的。换而言之，她的情况就像大多数在鸡尾酒会上一直拒绝喝酒的人一样，最终她的名字会逐渐从邀请名单上消失。

以上便是对“要不是因为你”游戏的完整分析。为了进一步阐明这一过程，我们可以参考世界各地的社交聚会、委员会会议和心理团体治疗中最常见的游戏“那你为什么不——听起来很不错，但是”（见第128页）。

游戏的起源

从目前的观点来看,养育孩子可以看作一个教育的过程。在这个过程中,孩子会在父母的教导下了解游戏,并且掌握这些游戏的玩法。与此同时,孩子们也会学习与当地社交情境相符合的程序、仪式和消遣(不过,与掌握游戏相比,这些学习成果并没有那么重要)。在其他条件不变的情况下,一个孩子在程序、仪式和消遣方面的知识和技能决定了他能得到怎样的机会。另一方面,游戏将会决定他如何利用这些机会,以及这些机会所对应的结果。更进一步地说,在其他条件不变的情况下,他所钟爱的游戏作为他的人生剧本(即无意识的生活计划)的一部分,最终会决定他的命运,包括婚姻、事业,甚至死亡时的处境。

当尽职尽责的父母投入大量的精力去教导自己的孩子掌握生活的程序、仪式和消遣时,他们也同样谨慎地选择学校来加强对孩子的教育。然而,他们往往忽略了游戏的重要性(即游戏构成了每个家庭情感动力的基本结构),每个孩子从出生后的几个月起就在日常生活中的重要经验中学习游戏了。数千年来,人们一直以一种相当笼统的、不成系统的方式对相关的问题进行讨论;并且在现代行为精神病学文献中,也记录了一些更系统的措施;但如果没有游戏的概念,我们就不可能进行综合性的调查。个体内在心理动力理论至今还不能完美地解释人际关系的问题。这些沟通的情境还需要社会心理动力理论加以解释，而不能单单从个体的心理动力出发。

很少有儿童心理学和儿童精神病学的专家同时掌握游戏分析的能力，所以对游戏起源的观察成果也很少。幸运的是，下面这个例子恰巧发生在一位经验丰富的沟通分析师的面前。

七岁的小唐吉在家庭聚餐的中途，突然肚子疼，于是和家人们要求离开。他的爸爸妈妈建议他到床上休息一会儿。这时，唐吉三岁的弟弟迈克接着说："我也肚子疼。"显然，弟弟也想要得到同样的关心。父亲看了他几秒，说道："你不会想玩这个游戏，对吧？"迈克突然放声大笑起来，说道："我不想！"

假设这个家庭有肠胃病的遗传史或者集体对某种食物过敏，那么一旦迈克说出"肚子疼"这三个字，他的父母就一定会惊慌失措，带他去医院或者抱他回房休息。如果父母每次都积极配合，"肚子疼"的游戏在家庭中多次上演之后，我们有理由预测这个游戏将会成为迈克性格之中的一部分。每当他嫉妒竞争对手获得的特权时，他就会以生病为借口，从而让自己也能分得一些特权。因此，接下来的沟通活动将包括：（社交层面）"我不舒服"+（心理层面）"你也必须给我一个特权"。

所幸，在迈克过上"疑心病"的生活之前，他的爸爸及时拯救了他。也许，他最终的命运会更糟，但这不是问题的关键。关键之处在于父亲对游戏的质疑和孩子对自己在玩游戏的坦诚，将这个游戏扼杀于萌芽状态。

这一实例清楚地表明,游戏是由年幼的儿童有意发起的。当游戏成为一个固定的刺激方式和回应方式后,游戏的起源就会迷失在时间的迷雾中,而它们的本质也会被社交的迷雾所掩盖。只有通过适当的程序,游戏的起源和本质才能被察觉:通过分析疗法的形式,追溯游戏的起源;通过研究游戏的反游戏,发掘游戏中隐蔽的方面。大量的临床经验表明,游戏的本质是模仿,最初是由儿童个性中新近形成的成人自我状态所操作的。当儿童自我状态能够在游戏中重新被激活,儿童自我状态中的成人自我部分有着令人惊讶的操控他人的能力(在精神病学中被称为"教授")。因此,在专注游戏分析的心理治疗团体中,一个更复杂的程序就是在每个病人身上寻找那个"小教授"。这些"小教授"反映了一个人在两岁到八岁之间创造各种游戏的经历。当治疗团体的成员们津津乐道自己的"小教授"所创造的游戏时,他们通常会处在兴高采烈的状态(悲剧性的游戏除外)。成员们在讨论的过程中会欣赏到自身的优异之处,甚至还会因此沾沾自喜。一旦成员们能够进入这样的状态,他们就能放弃那些让自己身陷不幸的行为模式,过上更好的生活。

这也是为什么在游戏的正式描述中总会讨论婴儿期或童年期原型的原因。

游戏的功能

在日常生活中，亲密的机会实际上很有限，而且某些形式的亲密行为（尤其是激烈的亲密行为）在心理层面对大多数人来说难以实现。因此，在严肃的社交生活中，玩游戏占据了大部分的时间。游戏既是必要的，也是值得的。唯一的问题是，个人所玩的游戏是否能为他带来最大的收益。在这一点上，我们应该注意，游戏的本质特征便是游戏结束时所产生的益处。为了获取益处，最初的举动都是围绕设置相应的社交情境开展的，但与此同时，每一个举动同样也在追求最大程度的满足（这些满足是最终结果的次级结果）。对于一些人来说，他们的"笨手笨脚"游戏总会把事情搞砸，然后以道歉收场。然而，这个游戏的目的正是通过道歉的手段来逼迫对方原谅自己。无论是打翻的水杯，还是烫到人的烟头，都只是通向道歉这一结果的步骤，但每一次笨手笨脚的行为本身会让参与者产生一定的快感。从打翻水杯获得的乐趣并不意味着打翻水杯本身是一种游戏。道歉才是通往理想结局的关键刺激。否则，打翻水杯只能算作一个破坏性的程序，一次能带来令人愉快效果的笨手笨脚的行为。

"酒鬼"游戏也与之同理：无论是否酒精成瘾，饮酒在游戏分析中仅仅是游戏情境中的一个举动。当然，喝酒本身可能会带来乐趣，但这并不是游戏的本质。"酒鬼"游戏的变体"滴酒不沾的酒鬼"

也包含相同的举动和相同的收益,但唯一不同的是游戏参与者全程不会饮酒(见第72页)。

有些游戏不仅可以圆满地规划时间(即社交功能),还可以维持必要的健康(即生理功能)。要知道,有一些人的心理状态极度不稳定,心理立场也非常不稳定。因此,一旦禁止他们玩熟悉的游戏,他们很有可能会遭遇不可逆转的绝望,甚至精神错乱。这样的人往往会极力反对任何反游戏的举动。这一点在婚姻状况中尤为明显:当一方精神状况的改善(就是放弃破坏性的游戏)会导致另一方精神状况的迅速恶化,游戏对于维持平衡至关重要。因此,在沟通分析中,采取谨慎的态度是非常有必要的。

幸运的是,去游戏化的亲密关系所带来的收益是巨大的,也是人类生活最完美的形式。如果能够找到一个合适的伴侣,即使是最不稳定的人格也会很乐意以一种安全的方式放弃游戏。

从更大的范畴来看,游戏是每个个体无意识的生活计划(或生活剧本)的整合性动态组成部分。在最终目标实现之前,这些游戏不仅消磨了等待的时间,同时推进了剧本的开展。剧本的最后一幕通常是一个奇迹或一场灾难(取决于剧本本身是有益的还是有害的)。所以,游戏也会相应地成为有益的游戏或有害的游戏。用通俗的话来说,如果一个人的剧本是"等待圣诞老人",那么他会玩诸如"哎呀,你可真厉害"的欢乐游戏;但如果一个人的剧本是"等待死后尸体的僵硬",那么他会选择诸如"可算是逮着你了"的游戏。

值得注意的是，以上口语化的表述是游戏分析的重要环节，在沟通分析团体治疗和研讨会上也经常出现。其中，“等待死后尸体的僵硬”的表述源自一位病人的梦，她在梦里决定在身体僵直之前完成某些事情。还有一位患者指出了心理医生忽视的一点：等待圣诞老人和等待死亡实际上是同义词。由于口语在游戏分析中具有至关重要的意义，我们会在之后详细讨论它们。

游戏的分类

我们已经提到了很多应用于分析游戏和消遣的可变因素，它们都可以系统地用于游戏和消遣的分类。一些更明显的分类是基于以下因素：

1. 游戏者的数量：双人游戏（“冷淡的女人”）、三人游戏（“你去和他斗吧”）、五人游戏（“酒鬼”）、多人游戏（“那你为什么不——听起来很不错，但是”）。

2. 媒介：言语（“精神病学”）、金钱（“债务人”）、身体部位（“多次手术症”）。

3. 临床类型：歇斯底里（“挑逗”）、强迫性精神障碍（“笨手笨脚”）、偏执（“为什么这种事总是发生在我身上”）、抑郁（“我又这样了”）。

4. 区域：口腔（“酒鬼”）、肛门（“笨手笨脚”）、生殖器（“你去和他斗吧”)。

5.心理动力:对抗恐惧(“要不是因为你”)、向外投射(“家长会”)、向内投射(“精神病学”)。

6.本能:受虐(“要不是因为你”)、施虐(“笨手笨脚”)、恋物(“冷淡的男人”)。

除了游戏者的数量之外,还有三个可量化的因素也同样值得注意:

1.灵活性:一些诸如“债务人”和“多次手术症”的游戏只需要通过一种媒介进行,而其他一些游戏(如出风头类的游戏)则更加灵活。

2.黏性:有些人很容易就会放弃游戏,有些人则很执着。

3.强度:有些人以一种轻松的方式玩游戏,其他人则更加紧张,也更有侵略性。这样的游戏可以分为轻松游戏和激烈游戏。

这三个变量共同决定了游戏究竟是温和的还是暴力的。精神障碍者所玩的游戏往往具有明显的阶段性。一个偏执型精神分裂症患者可能一开始玩的是灵活、散漫、轻松的第一级游戏(比如,“这还不糟吗”),然后发展到僵化、顽固、激烈的第三级游戏。游戏的各个级如下所示：

1. 一级游戏：在游戏者的社交圈里可以被接受的游戏。

2. 二级游戏：虽然二级游戏不会造成永久的、不可补救的损害，但游戏者们也不愿意将其公开。

3. 三级游戏：这是一种一旦开始就会一直玩下去的游戏，通常只会在手术室、法庭、停尸房结束。

当然，正如对"要不是因为你"的分析一样，我们还可以用一些特定的因素对游戏进行分类，比如目的、角色、最为显著的益处等。最可行的系统性科学分类需要基于一个存在性的心理立场。但是，由于我们对这一因素的了解还不够深入，这种分类将不得不无限期向后延迟。目前，最实际的分类是社会学分类（将会在下一部分中使用）。

说明

斯蒂芬·波特（Stephen Potter）对日常社交情境中的操控活动进行了敏锐的观察和幽默的讨论[2]，G.H. 米德（G. H. Mead）开创性地研究了游戏在社会生活中的作用[3]。向他们表达无限的敬意。自1958年以来，旧金山社会精神病学研讨会就对那些导致精神障碍的游戏进行了系统性的研究，T. 萨斯也已涉足游戏分析这一领域[4]。

如若你想了解游戏在团体过程中发挥的作用，可以参阅我关于团体动力学的专著[5]。

参考资料

[1] Maurer, D. W., *The Big Con*, The Bobbs-Merrill Co., New York, 1940.

[2] Potter, S., *Theory and Practice of Gamesmanship*, Rupert HartDavis, 1947.

[3] Mead, G. H., *Mind, Self and Society*, Cambridge University Press, 1935.

[4] Szasz, T., *The Myth of Mental Illness*, Secker & Warburg, 1961.

[5] Berne, E., *The Structure and Dynamics of Organizations and Groups*, Pitman Medical, 1963.

第二部分 / 游戏词典

概　述

直到1962年，游戏词典一直在收录人们在玩的游戏，但仍然有很多新游戏等待我们去发现。有的时候，经过更加细致的研究，我们会发现，一个看似已知的游戏，实际上是一个全新的游戏，而一个看似全新的游戏往往只是已知游戏的变体。随着新知识的不断积累，针对游戏项目的分析也会发生变化。例如，关于游戏的心理动力学的描述存在多种选择，相关的陈述后来也有可能被推翻。不过，对于临床工作而言，这份游戏清单及其分析已经足够了。

在这一部分内容中，我们将详尽地分析和讨论其中的一些游戏；而其他游戏，有些并没有那么常见，有些研究的意义并不大，我们仅会简要提及一下。游戏的发起者可被称为"白方"，而另一方可被称为"黑方"。

根据游戏最常发生的情境，我们可以将游戏分为不同的种类：生活游戏、婚姻游戏、聚会游戏、性游戏、地下游戏，接着是专业人士的诊疗室游戏，最后是一些好游戏。

注记

游戏分析需要遵从以下几条注记：

名称：如果游戏的名称比较长，在文本中将会使用简称。如果游戏或其变体拥有多个名称，我们可以在“消遣和游戏索引”中找到对应参照。在口头报告中，最好使用游戏的全名，而不是其简称。

正游戏：尽可能中肯地陈述游戏的过程。

目的：根据作者的经验，选出最有意义的游戏目的。

角色：先列出游戏发起者（用斜体表示），从游戏发起者的角度，讨论游戏。

心理动力：与“目的”一致，即根据作者的经验，选出最有意义的游戏目的。

典例：

(1)反映童年原型的游戏（也是最容易识别的原型）；

(2)反映成年生活的游戏。

沟通范式：尽可能简洁明了地说明社交层面和心理层面上的沟通。

举动：举动是沟通性刺激和沟通回应的最小单位。这些举动可以在不同的社交情境中自由延伸、削弱强度和美化行为。

益处：

(1)内在心理益处：说明游戏是如何稳定内在心理状态的。

(2)外在心理益处：说明游戏是如何避免引起焦虑的情况或亲密行为的。

(3)内在社交益处：指出在游戏中与密友一起玩时使用的典型措辞。

(4)外在社交益处：指出在不太亲密的社交圈里玩的衍生游戏，以及在消遣中使用的关键措辞。

(5)生理性益处：说明游戏为各方带来的安抚类型。

(6)存在性益处：指出游戏是基于何种心理立场开展的。

相关的游戏：指出互补、类似和对立的游戏名称。

只有在心理治疗的情境中，我们才能充分地理解游戏。在向心理医生寻求帮助的人中，玩破坏性游戏的人要比玩有益性游戏的人多得多。在这种情况下，大多数被理解的游戏基本上都是破坏性的，但读者们应该明白还有很多幸运的人在玩有益身心健康的游戏。考虑到有很多精神病学的术语已经被滥用了，我们必须要理解关于游戏的概念是非常精确的。根据先前给出的标准，游戏必须要与程序、仪式、消遣、操作、操控，以及来自不同心理立场的态度明确区分开来。虽然说游戏源于心理立场，但心理立场及其态度并不是游戏。

口语

本书中使用的许多口语直接来自病人之口。在恰当的时机使用这些口语，敏感的游戏者们会心领神会，甚至从中找到乐趣。游戏中的一些口语的确很失礼，但我们要知道讥讽的矛头直指游戏，而非玩家。口语的第一个要求是贴切，如果有些口语听起来很有意思，那恰恰说明了它们一语中的。正如我在本书的其他部分讨论口语化绰号时表明的那样，即使写一整页的文字，也比不过一句“那个女人是荡妇”或者“那个男人是混球”涵盖的信息多。[1]心理学原理当然可以用科学的语言来阐述，然而在实践中，有效识别一种情感诉求，可能需要另一种语言。因此与“投射肛门期欲望的攻击性语言”相比，“难道这不糟糕吗？”的口语表达显然更加合适，因为这句口语化的表达不仅具有心理动力学意义和影响，而且也更加精确。有时，打开天窗说亮话，要比在黑屋子里说“昏话”好得多。

参考资料

[1] Berne, E., “Intuition IV: Primal Images & Primal Judgments”, *Psychiatric Quarterly*, 29: 634-658,1955.

第六章　生活游戏

在一般的社交情境中，所有游戏都对玩家的命运有着重要的，甚至是决定性的影响。还有一些游戏不仅贯穿游戏者的一生，而且很容易牵涉相对无辜的旁观者。这种类型的游戏可以被称作“生活游戏”，其中包括“酒鬼”“债务人”“招惹我吧”“可算是逮着你了”“看看你都让我做了什么”及它们的主要变体游戏。生活游戏一方面与婚姻游戏相结合，另一方面也可与地下游戏相结合。

一、酒鬼

正游戏

在酒鬼游戏的分析中，的确可能出现酗酒者的角色，但“酒鬼”并非仅指字面意思上的酗酒者。酗酒究竟是出于生化变化还是生理异常，这一问题都有待内科医学来解答。而游戏分析关注的是与这种过度行为相关的不同类型的社交活动，因此出现了“酒鬼”这个游戏。

酒鬼游戏的完整版本需要五个人的参与，但游戏角色很有可能是重合的，所以游戏在开始和结束时都会是双人游戏。中心角色便是由白方扮演的“酒鬼”;主要的配角是斥责者(通常情况下由异性扮演,而且常常是配偶);第三个角色是“救助者”(通常情况下由同性扮演,而且常常是对病人和酗酒问题感兴趣的好心的家庭医生)。在典型场合中,医生会成功治愈这位酒鬼的酒瘾。白方已经成功戒酒六个月了,于是他决定邀请朋友庆祝一下。结果,第二天有人发现白方醉倒在水沟里。

第四个角色是“烂好人”①。在文学作品中,那些餐馆的老板们常常就是这样的角色:他们不仅会为白方端来三明治和咖啡,而且允许白方不停地赊账。换句话说,他们既不迫害白方,也不试图帮助他。在现实生活中,母亲常常会扮演这个角色:她不仅会给白方提供金钱方面的支持,还会因为白方有一个不理解自己的妻子而同情他。在游戏的层面,白方需要为缺钱编造一些好听的理由。尽管母亲对钱的去处心知肚明,但还是会假装相信儿子的话,配合他完成游戏。有时,“烂好人”会转变为一个有用的但不是必要的角色:鼓动者。这一角色甚至会在白方没有索取之前,就主动给予:“来和我喝一杯吧!(然后,你的人生就会更快地走下坡路。)”

在所有与喝酒相关的游戏中,还存在第五种角色,他们通常是一些职业的辅助性角色,比如酒保或酒水推销员。我们可以将其称为“酒贩”,即酒水的供应者。他们懂得如何与酒鬼打交道,从某种

①烂好人是地下游戏的俚语之一,这一角色常常会纵容和满足那些容易上当受骗的“酒鬼”。——译者注

意义上来说,这一角色是酒鬼生命中最有意义的人。在任何一种游戏中,酒贩和其他游戏者之间的区别就像专业人士和外行人士之间的区别,专业人士知道什么时候该停止。一个好的酒贩知道什么时候应该停止向酒鬼提供服务,而那个酒鬼除非能找到另一位更加纵容自己的酒贩,否则他就无法继续得到更多的酒水。

在酒鬼游戏的最初阶段,妻子可能会一人分饰三个辅助性角色:①午夜时分的烂好人:帮白方脱衣,为他泡茶,还任由他酒后家暴。②清晨的斥责者:严厉地指责白方昨晚的恶行。③晚上的救助者:恳求白方戒酒。在酒鬼游戏的后期阶段,随着酒鬼身体健康的每况愈下,斥责者和救助者也就渐渐退出了游戏。最终,白方会为了一顿免费的餐食,自愿去慈善机构寻求救助。有时,他甚至仅仅为了获得一些施舍,甘愿忍受他人的责骂(无论那个人是专业人士,还是外行人士)。

目前的研究表明,酒鬼游戏的益处没有得到大多数研究人员的重视。在对这个游戏的分析中,饮酒本身只是一种附带的乐趣和益处;而通往最终结局的程序是宿醉。同样的,虽然制造混乱的行为在"笨手笨脚"的游戏里最引人注目,但它只不过是白方为了从黑方那里得到原谅的关键手段而已。

对于酒鬼来说,宿醉带来的痛苦与其说是身体上的痛苦,不如说是心理上的折磨。喝酒的人有两种最爱的消遣:一种是"马提尼酒"(要混合多少种酒,以及如何混合的),另一种是"酒醒后的第二天早上”（和你聊聊我昨晚是怎么喝倒的）。参与“马提尼酒”的人大多是为了社交应酬才喝的酒，而真正的酒鬼总爱在“酒醒后的第二天早上”大谈特谈（比如戒酒互助小组会为酒鬼们提供这样的场合和机会）。

白方每次都会在烂醉后，去看他的心理医生时，会用各式各样的名字来称呼自己，但医生什么都没有说。后来，白方在一个治疗团体里讲述了看心理医生的经历，他得意扬扬地说所有这些名字都是那位心理医生给他起的。在治疗过程中，许多酒鬼显然是在斥责者的要求下，才谈起自己的酗酒问题，但他们真正想谈的是宿醉之后的痛苦。除了喝酒本身的乐趣，其最大目的是沟通！酒精为儿童自我创建了一个环境，不仅内在的父母自我会严厉责骂，外在的父母式人物也会强烈谴责。因此，这种游戏的疗法不应该集中在酗酒行为本身上，而应该集中在酒醒后的第二天早上对自我放纵的自我惩罚。值得注意的是，还有一种不会宿醉的重度酗酒者，这种人不属于这一类别。

酒鬼游戏还有一种变体，名为“滴酒不沾的酒鬼”。在游戏中，本来不喝酒的白方遭遇了经济或社会地位方面的打击；在相同的辅助性角色的配合下，他做出了与酒鬼相同的举动。在这里，酒醒后的第二天早上同样是游戏的关键之处。“滴酒不沾的酒鬼”和“酒鬼”之间的相似之处正是两者皆为游戏。比如，两个游戏都有可能导致酒鬼被公司解雇，而且游戏程序是一致的。“瘾君子”与“酒鬼”很相似，只不过“瘾君子”更糟糕、更激烈、更快速，也更具有戏剧性。至少在我们的社会中，参与瘾君子游戏的角色多为斥责者，而烂好人和救助者则很少出现，并且毒贩会扮演更加核心的角色。

各式各样的团体都会组织酒鬼游戏，有一些是地域性的，有一些则是全国性的，甚至世界性的。这些团体都公布了自己的游戏规则，而且针对酒鬼游戏的玩法这一问题，几乎所有的团体都给出了自己的一套方法，比如早餐前喝上一通，把其他的预算全部花在酒水上。救助者的功能在每个团队里的定义也不相同。以匿名戒酒互助会（起源于美国的国际性互助戒酒组织）为例：成员们会一边持续玩真正的游戏，一边努力引导酗酒者向救助者这一角色转变。“老酒鬼们”最受戒酒会的欢迎，因为他们知道游戏的流程，比新玩家更有资格扮演那些辅助性角色。有报道称，匿名戒酒互助会的一个分会由于一直没有新成员的加入，“老酒鬼们”在没有救助对象的情况下，无法继续游戏，于是纷纷重新喝起酒来。[1]

还有一些组织致力改善酒鬼游戏中的其他角色。一些组织对酗酒者的配偶施加压力，要求他们从斥责者转变为救助者。然而，对于酗酒者的子女来说，最理想的治疗方法不是要求他们转换自己的角色，而是鼓励他们退出这一游戏。

同样的，治疗酗酒者的关键之处在于帮助他彻底停止玩这个游戏，而非简单地要求他从一个角色换到另一个角色。在某些情况下，转换角色是可行的，但要帮助他找到和酒鬼游戏一样有趣的活动是一项艰巨的任务。对于典型的酗酒者来说，他们非常恐惧亲密关系，亲密关系是去游戏化的。与不涉及游戏的亲密关系相比，酗酒者们更容易接受一个可以代替酒鬼游戏的新游戏。通常情况下，所谓的“痊愈的酗酒者”的社交生活并不会有兴奋的一面，他们很有可能会觉得自己的生活缺乏激情，而且会不断地想回到过去的生活方式。“完全戒酒疗法”绝不是游戏分析师想要得到的治疗结果；“酒鬼游戏”治疗真正的理想结果是“痊愈的酒鬼”，能够在安全的情况下适量饮酒。

从这个游戏的描述中可以明显看出，“我只是好心帮你”对救助者来说是一个强烈的诱惑；“看看你对我做了什么”对斥责者来说是一个强烈的诱惑；扮演“好好先生”对烂好人非常具有诱惑力。随着救助组织的兴起，“酗酒是一种疾病”得到大规模的宣传，一些针对酗酒人群的法律条文也应运而生。在这样的背景下，酗酒者学会了“木头腿”的游戏，重心已经从斥责者转变为救助者，即从“我是罪人”转变为“你没法指望一个病人做出改变”，这一点反映了现代思想从宗教走向科学的趋势。从存在主义的观点来看，这种转变是有问题的；从实用主义的观点来看，似乎对减少烈酒的销量没有起到什么作用。尽管如此，匿名戒酒组织依旧是治疗过度饮酒的最佳开始。

反游戏

众所周知，酒鬼游戏通常都很激烈，也很难戒除。在一个案例中，一位女性酗酒者很少参加治疗团体的活动，她认为只有足够了解其他成员后，才适合继续自己的游戏。她请成员们谈一谈对自己的看法，由于她表现得非常和蔼可亲，大家都说了她的好话。但她抗议说："这不是我想要的。我想知道大家的真实想法。"她甚至明确表示，她需要听到的是负面的评价。然而，没有人愿意这么做。她回家告诉丈夫，如果她再继续喝酒，他要么跟她离婚，要么送她去医院。于是，丈夫答应了，并且在她喝醉的那天晚上，把她送进了医院。一方面，组员们拒绝扮演白方分配给他们的斥责者的角色；另一方面，尽管组员们已经很努力地迎合白方，但是她仍然无法容忍这种对立的行为。最后，她终于在家里找到一个愿意扮演她要求的角色的人。

然而，在其他情况下，患者可以做好放弃游戏的充分准备，并且尝试真正的社会性疗法。在这一疗法中，心理医生会拒绝扮演斥责者和救助者，更不会主动扮演烂好人，因为一旦心理医生默许患者放弃他在支付费用和守时方面的义务，治疗便不会有效果。从沟通的角度来看，正确的治疗程序是：心理医生在做好严谨的准备工作后，采取契约式的成人自我立场，拒绝扮演任何角色，希望病人不仅能够忍受戒酒的煎熬，而且能够忍受放弃游戏的痛苦。如果这位心理医生无法做到这一点的话，那他最好将这位患者转交给一位救助者。

在绝大多数西方国家，人们将酗酒者视为谴责、关心或慷慨的理想对象，那些拒绝参与酒鬼游戏的人常常会激起公愤。因此，拒绝参加这一游戏是非常困难的。与酒鬼相比，救助者更担心所谓的理性疗法。有的时候，这种担心甚至会阻碍治疗的进程。在一个临床案例中，一群研究人员对酒鬼游戏非常感兴趣，他们试图通过打破游戏（而不是仅仅拯救病人）来达到真正的疗效。然而，当这一目的暴露之后，他们就立刻上了外行的临床委员会的黑名单，再也没有机会参加治疗工作了。

相关游戏

一位心理学专业的学生在酒鬼游戏中敏锐地发现了一个有意思的附属游戏——“来一杯”。白方和他的妻子（一位不喝酒的斥责者）与黑方和他的妻子（夫妻二人皆为烂好人）结伴野餐。这时，白方邀请黑方夫妇“来一杯”。如果他们开始了第一杯，白方也就有了接着再来四五杯的理由。但如果黑方夫妇婉拒了白方，那么这个游戏就失败了。按照饮酒的规矩，白方感到受到了侮辱，决定下次野餐时会邀请更加顺从自己的同伴。白方的喝酒提议在社交层面上是出于成人自我状态下的一种慷慨，而在心理层面上是一种放纵。如果白方的儿童自我在妻子的眼皮底下，通过“公开行贿”得到了黑方夫妇出于父母自我状态的纵容，那么白方的妻子也只能选择睁一只眼闭一只眼，无力公开反对喝酒的提议。事实上，就像白方希望扮演酒鬼的角色一样，白方的妻子急切地希望游戏可以继续下去，这样她才能继续扮演斥责者的角色。因此，只有通过无力的默许，才能促成酒局。我们不难想象，如果酒局成真，那么第二天一早的责难是在所难免的。如果白方是黑方的上级，那么“来一杯”的变体游戏会变得更加复杂。

总的来说，烂好人并不会像它的名称所暗示的那么糟糕。他们通常是孤独的人，通过善待酗酒者获得了很多好处。比如，扮演“好好先生”的餐馆老板通过这种方式结识了很多朋友；而且在朋友的眼中，他不仅是一个慷慨大方的人，还是一个很会讲故事的人。

顺便说一句，“好好先生”的一种变体游戏是不厌其烦地向他人请教如何才能更好地帮助他人。这个游戏不仅令人愉快，而且很有益，值得鼓励和推广。与其相反的一个游戏是“暴徒”：玩家会涉猎与暴力相关的知识，打听如何伤害他人。虽然这种大规模的蓄意伤害从未付诸实践，但玩家仍然会和那些真正的犯罪分子勾结在一起，仗势欺人，这与所谓的“吹牛大王”非常相似。

游戏分析

正游戏：我刚刚可真糟糕，看你有没有能耐阻止我。

目的：自责。

角色：*酒鬼*、斥责者、救助者、烂好人、酒贩。

心理动力：口欲没有得到满足。

典例：

(1)看你有没有能耐抓住我。由于该游戏的复杂性，我们很难在不同的游戏原型之间找到相互的关联。然而，儿童(特别是酗酒者的孩子)经常会模仿许多酒鬼特有的计策。“看看你能不能阻止我”涉及撒谎、隐瞒、寻求负面评价、寻找乐于助人的人和乐善好施的善良邻居等。自责常常会推迟到几年后才会出现。

(2)酗酒者和他的社交圈。

社交层面的沟通范式：

成人自我—成人自我。

成人自我：“告诉我你对我的真实看法”或“帮我戒酒。”

成人自我：“我会坦白告诉你的。”

心理层面的沟通范式：

父母自我—儿童自我。

儿童自我：“看你有没有能耐阻止我。”

父母自我：“你必须戒酒，因为……”

举动：

(1)挑衅——寻求指责或原谅的回应；

(2)纵容——寻求愤怒或失望的回应。

益处：

(1)内在心理益处：

(a)酗酒作为一种程序——叛逆、得到安慰、渴望得到满足。

(b)酗酒作为一种游戏——很有可能是出于自责。

(2)外在心理益处:避免性和其他形式的亲密活动。

(3)内在社交益处:"看你有没有能耐阻止我"。

(4)外在社交益处:"酒醒后的第二天早上""马提尼酒"和其他形式的消遣。

(5)生理性益处:爱和愤怒之间的交替。

(6)存在性益处:"每个人都在限制我"。

二、债务人

正游戏

"债务人"不仅仅是一个游戏。在美国,它往往是一个人的人生规划(就像非洲和新几内亚的居民所做的一样)。[2]一位年轻人的亲戚花了一大笔钱为他娶了一位新娘,让他在未来的几年时间里偿还这一人情债。事实上,即使在现代文明城市,仍然盛行着同样的习俗,只不过彩礼变成了住房。如果没有亲戚的"参股",那么银行将承担起这一角色。

因此,为了提醒自己还款,新几内亚的年轻人会在耳朵上挂上一块旧手表,都市的年轻人会戴上一块新腕表。他们都觉得他们的生活有了一个"目标"。举办那些盛大的典礼(比如婚礼和乔迁宴)的时间往往是在背负债务期间,而非在还清债务之后。这一幕经常在电视剧中上演:一位年轻的男子带着他的家人搬进新家,骄傲地挥舞着刚刚签订的合同,而这份合同将会提前绑定他未来最为高产的岁月(然而,我们几乎不会在电视上看到一位中年男子还清了抵押贷款的情节)。等那位年轻男子终于在晚年偿还了全部的债务(包括抵押贷款、孩子的大学学费和保险)后,他成了一位正式的"老年公民",同时也成为一个"社会问题",因为整个社会不仅需要为他提供充足的物质享受,还必须为他提供一个新的"目标"。而在新几内亚,如果他非常精明,他很有可能会成为一个大债主(而非债务人),但这种情况相对罕见。

正当我写到这一段的时候,有一只潮湿虫爬上了我的桌子。如果它此时不小心摔了个倒栽葱,你可以观察它挣扎着翻过身的场景。在这段时间里,它的生活便有了一个"目标"。当它成功时,我几乎可以在它的脸上看到胜利的表情。接着,它离开了。你可以想象它在下一次的潮湿虫大会上讲述自己的故事,年轻的一代将视它为偶像。然而,它的自命不凡中也掺杂着些许失望。虽然它已经"出虫头地",但接下来的生活似乎找不到新的目标了。也许,它会回到我的桌子上翻身,再次凯旋。也许,我当时应该在它的背上滴上一滴墨水,以便在它下次再来出风头时一眼认出它。潮湿虫是一种勇敢的动物,难怪它们能在地球上存活数百万年之久。大多数美国年轻人只有在经济萧条时期,才会严肃看待他们的抵押贷款。如果他们情绪低落，或者遭遇经济低谷，他们的责任感会支撑他们坚持下去，或许还能阻止一部分人自杀。大多数时候，他们会玩一个温和的“要不是因为债务”的游戏；而在其余的时间里，他们也能自得其乐。只有少数人将“债务人”这一艰难的游戏作为终生的游戏一玩到底。

许多年轻夫妇都很喜欢玩“有本事讨债试试看”。我们从这个游戏可以看出，游戏玩家们总能在游戏中以自己的方式“获胜”。通过贷款，白方夫妇获得了各种各样的商品和服务，其中既有物美价廉的商品，也有奢侈品。他们的背景(尤其是父母或祖父母教他们玩游戏的方式)决定了他们的消费水平。如果债主在经过几次温和的追债后放弃了，那么白方一家就可以在不受惩罚的情况下坐享其成。从这个意义上说，他们赢了。如果债主锲而不舍地追债，那么白方夫妇就享受了被人追逐的乐趣(这种乐趣堪比使用免费商品的快乐)。如果债主决心要收回钱，就会采取更加强硬的极端手段，比如去白方的老板那里，或者开着一辆标着“讨债公司”四个大字的卡车去他家门口大吵大闹。

如果事情发展到这个地步，游戏便发生了变化。那些胁迫的手段(尤其是债主委托的第三方寄来的威胁信：“倘若你在48小时内没有出现在我们的办公室……”)会让白方意识到自己不得不偿还债务。白方此刻自然会感到愤怒，进而将之前的游戏切换为下一个变体游戏“可算是逮着你了”。这样一来，他通过证明债主是贪婪、无情和不可信的人而获胜。这个游戏有两个最明显的益处:①强化了白方一种伪装的心理立场,即“所有的债主都是贪婪的”;②带来了大量的外在社交益处——现在,白方可以在他的朋友面前公开辱骂债主,同时又不会失去作为“好好先生”的优势地位。此外,通过与债主的对抗,他也可以进一步利用内在社交益处。他甚至可以为自己利用信用制度占便宜的行为辩护:“如果债主们都是这副死缠烂打的德行,那我凭什么还要守信还钱呢?”

有的时候,在“有本事躲债试试看”游戏中的“债主”是由小房东扮演的。参与“有本事讨债试试看”和“有本事躲债试试看”的玩家很容易辨认出对方。由于潜在的沟通益处和有来有往的承诺,双方实际上私下里都很高兴,也很乐意与对方继续沟通。在游戏结束后,无论钱最终落入谁手,两方都会通过玩“为什么这种事总是发生在我身上”的新游戏,稳固自己的心理立场。

金钱游戏常常会导致非常严重的后果。或许,在某些人听来,以上游戏的描述很滑稽。这并不是因为这些琐事不重要,而是因为这些游戏暴露了人们严肃对待事情背后琐碎的心理动力。

反游戏

“有本事讨债试试看”的反游戏自然是“立即还债”。然而,“有本事追债试试看”的高手玩家有自己的一套应付所有人(除了最强硬的债主)的方法。“有本事躲债试试看”的反游戏则是诚信和守时。

“有本事追债试试看”和“有本事躲债试试看”的顽固玩家都是不折不扣的专业人士；如果一位业余人士想要在游戏中赢过专业人士，其难度无异于在一场赌局中赢过职业赌徒。虽然业余玩家很少在游戏中获胜，但他至少可以享受到游戏的一些乐趣。按照传统，这两个游戏都很严肃。当业余人士当着专业人士的面嘲笑游戏结果，没什么比这一幕更让那位专业人士感到难受的了。在金融界，这种结果是专业人士完全不可能接受的。据作者所知，一个人对一位债务人的当街嘲笑无异于对一个“笨手笨脚”的人实施“笨手笨脚”的反游戏，会令那位债务人感到困惑、沮丧和不安。

三、招惹我吧

正游戏

有一些人对待社交的态度就像随身佩戴了一块指示牌，上面写着“请别招惹我”；然而，带着这种社交态度和人打交道，随之而来的往往是事与愿违的结果。每当白方遇到这种情况，都会哀怨道：“牌子上的‘别招惹我’明明写得清清楚楚了啊！”然后，他还会满腹狐疑地补上一句：“为什么这种事总是发生在我身上”？如果从临床看，这种自叹不幸的情况可以很容易用精神病学的“陈词滥调”归纳和解释：“每当处在精神压力之下，我的全身就会颤抖不止。”这种“为什么这种事总是发生在我身上”的游戏性源自一种倒错的骄傲：“我比你还要不幸。”产生这一心理因素的人往往是偏执型患者，其中不乏社会中的边缘人士、失恋的人、下岗的人。一旦这些偏执型患者没有得到好心人的安抚（“我只是好心帮你”罢了），也没有受到社会习俗、管理条例的约束，他们就会主动向外界发起挑衅。而且，这种挑衅行为会愈演愈烈，直到人们忍无可忍，被迫做出反击。

在女性群体中，“衣衫褴褛”是相对应的游戏。这些女性往往是来自上流社会的体面人士，但却煞费苦心地穿上破衣烂衫。她们总是有“充足”的理由确保自己的收入永远处于只能勉强维持生计的水平。即使有一天她们发了横财，也会有一个正在创业的小伙子出现在她们的面前，说服她们入股，然后开展一系列毫无价值的商业推广活动，最后帮助她们把钱挥霍得一干二净。

通俗地说，这一类型的女士通常被人们称呼为“妈妈的朋友”，她们不仅随时处于父母自我状态向他人提供明智的建议，而且长期以他人的生活经历为生。因此，“为什么这种事总是发生在我身上”很少从她们的嘴巴直接说出，更多是通过勇敢奋斗的行为间接表明。

对于一些收入节节攀升的成功人士而言，他们所取得的成就常常超过了自己的预期，因此我们能在他们的身上看到另一种有意思的“为什么这种事总是发生在我身上”。如果这些人提出的问题能从“为什么这种事总是发生在我身上”向“我究竟做了什么才会如此成功”转变，那么他们不仅能培养更加严谨、更富有成效的思维方式，而且能最大程度地促进自我的成长。

四、可算是逮着你了

正游戏

在扑克游戏中,“可算是逮着你了”的游戏经常会上演。当白方摸到了最大的牌(比如4个A)的时候,比起好牌和赢钱,白方更感兴趣的是黑方现在任由自己摆布的事实。

比如,白方计划在家里安装一些卫生洁具。他联系了一位水管工,双方在仔细地核对了费用,并且都同意不增加额外费用后,白方才决定开工。当水管工提交账单时,白方发现自己还需要为一个意想不到的阀门额外支付几美元。也就是说,原本约定好的400美元的工时费,现在需要临时增加4美元。白方非常愤怒,立刻打电话给那位水管工,要求他做出解释,但电话那头的水管工不肯让步。于是,白方给他写了一封长信,批评他的不诚信和不道德,并拒绝付账。直到白方强调如果不取消额外费用就不付款后,水管工终于做出了让步。

很明显,白方和水管工都在玩这个游戏。在协商过程中,他们摸清了对方参与游戏的潜能。当这位水管工提交这份账单时,他率先做出了挑衅的举动。既然双方都已经约定好了,水管工临时加价,显然是错误的一方。在这样的情况下,白方认为自己再怎么对水管工发泄愤怒都不为过(也许还带着一点无名之火)。于是,他没有以一种符合他为自己设定的成人自我标准,以有尊严的方式进行谈判,而是趁着这个机会全盘否定了水管工这个人及其整个生活方式。从表面上看,他们是在成人自我—成人自我之间展开争论,即一场关于许诺金额的合法商业纠纷。但从心理层面看,这是一场父母自我—成人自我之间的争论:白方借着微不足道的琐事,以一种在社交上可以辩护的反对立场,向欺骗自己的对手发泄多年来压抑的愤怒,就像他的母亲在类似的情况下可能会做的那样。他很快意识到自己潜在的态度(即“可算是逮着你了”),同时也会意识到反击水管工是多么地暗爽。接着,他回想起从孩提时代开始,他就一直在寻找类似的不公正待遇,并且暗自欣喜地接受这些经历。在他的记忆中,他忘记了实际的挑衅行为,但却对随后反击过程中的诸多细节记忆犹新。而那位水管工显然是在玩“为什么这种事总是发生在我身上”的变体游戏。

顾名思义,“可算是逮着你了”是一个双人游戏,它与“这还不糟吗”有所区别:“这还不糟吗”的游戏发起者之所以寻求不公正的待遇,是为了向第三方抱怨。因此,“这还不糟吗”实际上是由挑衅者、受害人和倾诉对象构成的三人游戏,“患难之交”是这个游戏的内部标语,倾诉对象同时也会参与“这还不糟吗”游戏。此外,“为什么这种事总是发生在我身上”也是一个三人游戏,唯一的区别是游戏的发起人会一边利用自己的不幸遭遇建立自己的优越地位,一边憎恨来自其他不幸者的竞争。在专业的商业领域,“可算是逮着你了”可以以三人游戏的形式开展(比如“美人计”);不仅如此,它还能在婚姻生活中以微妙的形式开展双人游戏。

反游戏

“可算是逮着你了”最佳的反游戏是采取正确的行为。应该在第一时间和玩家确定契约式人际关系的各项细节，并且严格遵守契约中的规定。例如，在临床实践中，医生必须对错过预约和取消预约的问题，事先说明清楚；为了避免账目错误，必须准备好额外的预防措施；当出现了意料之外的情况时，“可算是逮着你了”的反游戏是在医生准备好处理这个游戏之前，优雅地让步，不引起争议。

在日常生活中，如果遇到了一位“可算是逮着你了”的玩家，那么和他的商业交易总会有一定的风险。对这样的人的妻子应该以礼相待，甚至是最轻微的调情、殷勤和轻蔑都应该极力避免（尤其看似是在丈夫本人怂恿的情况下）。

游戏分析

正游戏：可算是逮着你了。

目的：使自己的愤怒正当化。

角色：*受害者*、挑衅者。

心理动力：嫉恨。

典例：

(1)这次被我逮住了。

(2)嫉妒的丈夫。

社交层面的沟通范式：

成人自我—成人自我。

成人自我："看哪，你错了。"

成人自我："你提醒了我，我已经注意到了。"

心理层面的沟通范式：

父母自我—儿童自我。

父母自我："我一直在盯着你，就等着你犯错。"

儿童自我："这次被你逮到了。"

父母自我："没错，我现在就要把气全部撒在你的头上。"

举动：

(1)挑衅——指责。

(2)抵御——指责。

(3)抵御——惩罚。

益处：

(1)内在心理益处：为自己的愤怒找到正当发泄的理由。

(2)外在心理益处：避免直面自身的不足。

(3)内在社交益处："可算是逮着你了"。

(4)外在社交益处：他们总是想找你的麻烦。

(5)生理性益处：满足了生性好斗的需求（通常发生在同性之间）。

(6)存在性益处：人都是不值得信任的。

五、看看你都让我做了什么

正游戏

“看看你都让我做了什么”的经典形式是一种婚姻游戏，实际上是一种“三等级的婚姻克星”，但这个游戏不仅可以在父母和孩子之间玩，也可以在工作中玩。

第一级：白方认为自己不擅长社交，于是专注于某一项活动。最后，他变得越来越自闭。也许，他只想一个人待着。这时，一位不速之客（比如他的妻子或者他的一个孩子）突然过来寻求他的安抚，或者来问他诸如“尖嘴钳在哪里”之类的问题，如果这样的打扰不巧让他手中的凿子、油漆刷、打字机或者烙铁掉落在地，那么他就会怒吼道：“看看你都让我做了什么。”长此以往，当他全神贯注的时候，他的家人们就越来越不敢去打扰他。当然，导致意外的并不是他的家人，而是他自己的愤怒。实际上，每当意外发生时，他非常高兴，因为这给了他一个赶人出去的契机。不幸的是，这是一个很容易被孩子们效仿和学习的游戏，所以它很容易在一个家族内代代相传。当玩家以更具诱惑力的方式玩这个游戏时，潜在的满足感和益处就越发明显地展现出来。

第二级：如果“看看你都让我做了什么”这一游戏不再是偶尔使用的一种保护机制，而成了一种生活方式，那么白方的妻子就会配合去玩“我只是好心帮你”（或者这一游戏的变体）。这样一来，白方就很容易把决定权交给自己的妻子，而且他在转交决定权的过程中往往会伪装得非常体贴和殷勤，比如恭敬有礼地请妻子决定去哪里吃饭或看哪部电影。如果一切顺利，他自然会乐在其中。一旦有任何不妥之处，他就会有意或无意地表达“都是你害的”（很明显，这是“看看你都让我做了什么”的简单变体）。甚至，他会把养育孩子这一重担全权交给妻子，而他自己只负责执行妻子下达的指令。这样一来，每当孩子闹情绪的时候，他就可以直接开始玩“看看你都让我做了什么”。长此以往，这一游戏就奠定了夫妻家庭生活的基调：只要孩子做错事，就怪妈妈。由此可见，“看看你都让我做了什么”本身并不是游戏的目的，而只是在“我早就告诉过你”或“看看你都干了些什么”的过程中获得短暂的满足感。

依赖“看看你都让我做了什么”获得心理满足的人士当中不乏职场玩家，他们会在工作中继续游戏。在职场上，长期压抑的痛苦导致这些职场玩家用愤恨的表情取代了言语的表达。他们会以“民主”或符合“良好管理”的方式向自己的秘书寻求建议。这样一来，他犯下的所有错误都可以怪罪在秘书的头上，而他可以通过恐吓下级而获得一个无懈可击的地位。如果他对上级也用相同的招数，那他就有自毁前程的风险：在公司会被解雇，在军队则会被调离。在这样的情况下，愤怒的人同时会玩“为什么这种事总是发生在我身上”，抑郁的人同时会玩“我又这样了”，而这两种类型的玩家都在玩“招惹我吧”的不同变体。

第三级：在这一等级下的“看看你都让我做了什么”中，偏执型玩家会采取最为强硬的方式反对那些贸然给他们提建议的人（可详见“我只是好心帮你”）。第三级游戏是危险的，在个别情况下甚至有致命的风险。

“看看你都让我做了什么”和“都是你害的”完美互补，这一套经典的组合构成了许多婚姻生活中潜在的游戏契约的基础。这一契约的实例如下。

白方的算术特别差，于是和妻子约定家庭的开支明细都由她来统计，并从双方共同的银行账户中扣除家庭支出。然而，每隔几个月，他们就会收到账户透支的通知。白方每次都必须亲自去银行还款，才能解决问题。当丈夫开始调查资金问题后，发现妻子居然偷偷买了一件昂贵的物品。真相大白后，白方愤怒地玩起了“都是你害的”的游戏，妻子含泪接受他的指责，并保证永不再犯。风平浪静了一段时间后，白方有一天突然收到了一份逾期很久的账单。他从来都不知道有这笔消费，于是质问了自己的妻子。妻子这时就会开始玩“看看你都让我做了什么”的游戏，强调这都是因为白方不允许自己使用家庭账户，所以她维持收支平衡的唯一办法就是隐瞒这些债务，再一直向银行申请延期还款。

白方夫妇的这场组合游戏每一次都以“这会是最后一次”收尾，但每隔几个月又会再度上演。就这样，夫妻二人一玩就玩了十年之久。在接受心理治疗的过程中，白方在没有心理医生的帮助下，非常机智地解析这个游戏，并设计了一个有效的解决方案。通过重新协商，他把所有的赊账账户和银行账户都记在了自己的名下，控制支出；妻子则继续负责记账、开支票，但每次在拨款前，都需要先交给白方过目。这样一来，令人厌恶的催债和透支不见了踪影，白方和妻子合理地分摊了预算的任务。虽然夫妻双方起初在失去这一游戏组合的乐趣和益处后，一度有些茫然无措，但后来很快就在彼此的身上发掘到更加开放、更加有益的新乐趣。

反游戏

“看看你都让我做了什么”的第一级反游戏是不打扰游戏玩家，一级玩家的反应可能是感到孤独，但很少会发怒；第二级反游戏是让玩家本人来做决定，如果二级玩家被迫采取主动，他可能会变得闷闷不乐。在这种情况下，系统性地对抗“看看你都让我做了什么”很有可能导致不愉快的后果。第三级反游戏是将他交到有能力的专业人士手中。

局部分析

“看看你都让我做了什么”的目的是为自己的行为找到正当的理由。轻度的玩家可能存在早泄的现象，而重度玩家可能因“阉割焦虑”而暴怒。儿童能够很轻松地掌握这一游戏的玩法。在这一游戏中，外部心理益处（逃避责任）是非常显著的。所谓的“正当的愤怒”为避免性关系提供了一个很好的借口，因此这一游戏往往是由即将到来的亲密关系的威胁促成的。此外，这一游戏的存在性立场是“我是清白的”。

说明

感谢罗德尼·纳斯（Rodney Nurse）博士、弗朗西斯·马特森（Frances Matson）小姐（加利福尼亚州奥克兰酗酒治疗和教育中心的工作人员）、肯尼思·埃弗茨（Kenneth Everts）博士、R.J.斯塔雷尔斯（R. J. Starrels）博士、罗伯特·古尔丁（Robert Goulding）博士，以及对“酗酒”感兴趣的人士。他们对酒鬼游戏的深入研究为生活游戏的探讨做出了贡献和指正。

参考资料

[1] Berne, E., *A Layman 's Gui de to Psychiatry & Psychoanalysis, Simon & Schuster*, New York, 1957, p. 191.

[2] Mead, M., *Growing Up in New Guinea*, Morrow, New York, 1951.

第七章　婚姻游戏

几乎所有游戏都适合婚姻生活和家庭生活的模式，但在法律效力下，一些游戏（比如“要不是因为你”）在契约式的亲密关系中更常见，而另一些游戏（比如“冷淡的女人”）更容易得到夫妻二人的容忍。虽然婚姻游戏和性游戏相互交织，但在本书里，我们需要将这两种游戏分开谈论。在婚姻关系中，演变成最成熟形式的游戏包括“窘境”“法庭”“冷淡的女人”“冷淡的男人”“忙碌”“要不是因为你”“我明明已经很努力了”“亲爱的”。

一、窘境

正游戏

与大部分游戏相比，窘境游戏更清楚地说明了游戏的操纵性和阻碍亲密关系的功能。矛盾的是，“窘境”游戏的玩家会对他人的游戏表现出一种虚伪的抗拒。

1.白方的妻子邀请他去看电影，白方答应了。

2.第一种情况：这时，妻子在不经意间提到了粉刷房子的事情。白方最近告诉过她，粉刷是一笔高昂的家庭开支，家庭财政状况已经十分紧张了。他还请求她至少在下个月前不要花一些不必要的钱,否则他会很恼火。因此,妻子现在提粉刷的事情绝对算不上一个好时机,白方对待她的态度也变得很粗鲁。

另一种情况:白方故意把话题转到粉刷上,诱导妻子忍不住去说粉刷的事情。和第一种情况一样,白方的态度仍然会变得很粗鲁。

3.白方的妻子生气地说道:"如果你的心情不好,我就不陪你去看电影了。如果你还是想看,那你就一个人去!"白方回应道:"如你所愿,我自己去看电影。"

4.于是,白方把伤心的妻子丢在家里,一个人去看电影了。

在这一游戏中,暗含了两重机关:

(1)根据多年来对白方性格的了解,妻子其实很清楚自己根本不应该把白方的粗鲁当回事。白方真正想要的是让妻子对他为家庭生活的辛劳表达一点感激之情,然后,他们就可以高高兴兴地一起去看电影了。然而,妻子却拒绝满足丈夫的需求。白方感到大为失望,带着失望和怨恨离开了。一个人待在家里的妻子虽然看上去受到了不公正的对待,但心底里却有一种隐秘的胜利感。

(2)根据多年来对妻子性格的了解,白方其实也很清楚自己根本不应该把妻子的赌气当回事。妻子真正想要的是他的甜言蜜语,然后,他们就可以高高兴兴地一起去看电影了。但他却拒绝满足妻子的需求。实际上,他明明知道妻子的拒绝不是她的本意,也知道妻子只是想听几句好听的话，但他偏偏就是要假装自己什么都不知道。最后，他看起来像是受了委屈。实际上，他想到妻子一个人在家愤愤不平，就感到心情愉快，如释重负。

简单来看，在上述每一种情况中，游戏赢家的立场都是无可厚非的。毕竟，夫妻二人都只是在从字面上理解对方。这一点在第4种情况的(2)中尤为明显，白方从表面上理解了妻子的拒绝。他们俩都知道对方说的并不是真心话。但只要妻子开口了，她就陷入了窘境。

这个游戏最明显的好处是外在心理益处。他们都知道一起去看电影能激起他们的性欲。从电影院回来后，他们十有八九会亲热。因此，如果其中的一方想要避免亲近的行为，就会在游戏中采取前文2中的一种举动。这是“争吵”游戏(详见第九章)的一个恼人的变体游戏。当然，“受委屈”的一方可以在义愤填膺的状态下提出一个不想亲热的好理由，而陷入窘境的配偶束手无策，只能接受事实。

反游戏

对妻子来说，“窘境”的反游戏很简单。她所要做的就是改变主意，挽起丈夫的胳膊，微笑着和他一起去看电影(即从儿童自我状态切换为成人自我状态)。考虑到妻子现在掌握了游戏的主导权，因此“窘境”的反游戏对白方来说要相对困难一些。但如果他回顾整个情况，他可以在成人自我状态下劝服妻子一起去看电影，安抚闷闷不乐的处于儿童自我状态下的妻子。

当有孩子参与的时候，“窘境”在家庭游戏中会有多种不同的形式（贝特森和他的同事们将之称为“双重束缚”）。[1]当孩子陷入窘境时，无论他做什么都是错的。贝特森认为，精神分裂症的一个重要病因很有可能是窘境游戏。因此，对于儿童来说，精神分裂症是针对窘境的反游戏。采用游戏分析治疗成人精神分裂症的经验也证明了这一点：即精神分裂患者从始至终都在家庭生活中对抗“窘境”这个游戏，那么对病因有所认识的患者会逐渐康复。

在日常生活中，有一种由全家人一起玩的窘境游戏。在典型的父母自我状态下，那些事事干涉的父母非常热衷于这一形式的窘境游戏，而年幼孩子的性格最容易在游戏中受到影响。这样的父母会经常在家中敦促自己的孩子多做家务。但每当孩子干活的时候，他的父母又会开始吹毛求疵。这就是典型的“做也不行，不做也不行”的例子。这种“双重束缚”属于一种“进退两难型窘境”。

此外，“窘境”也很有可能是儿童哮喘的病因。

小女孩：“妈咪，你爱我吗？”

母亲：“爱是什么？”

小女孩想谈的是妈妈的爱，但母亲却把话题转到了哲学上。小女孩对母亲的这个回答根本摸不着头脑。于是，小女孩越想理解，就越是呼吸困难。一旁不耐烦的母亲直到看到女儿的哮喘发作，才开始道歉。“哮喘”游戏就此开始。“哮喘型窘境”仍然有待深入研究。

“窘境”还有一个文雅的变体游戏——“罗素-怀特海”型“窘境”。这一形式的“窘境”在团体治疗里经常出现。

黑方：“总之，当我们沉默的时候，没人在玩游戏。”

白方：“不，沉默本身可能就是一种游戏。”

红方：“今天没有人玩游戏。”

白方：“但不玩游戏本身可能就是一种游戏。”

针对这一游戏，治疗性的反游戏也同样文雅，那就是禁止提出悖论。当白方不能再用这个招数，他潜在的焦虑很快就会暴露出来。

与“窘境”和“衣衫褴褛”相似的是“便当袋”这一婚姻游戏：一位丈夫虽然可以天天下馆子，但他还是会在每天早上为自己做几个三明治，装在纸袋里带到办公室去。这样一来，他充分利用了面包、晚餐的剩菜，以及妻子每天都会为他准备的纸袋子。这一个小小的日常举动让他完全掌控家庭的财政大权，因为哪个妻子会在这样自我牺牲的丈夫面前，再为自己偷偷买一件貂皮大衣呢？除此之外，丈夫还能获得许多其他的好处，比如他既获得了一个人享用午饭的特权，也可以利用吃饭时间赶工。从许多方面来说，“便当袋”是一个极具建设性的游戏。如果本杰明·富兰克林能看到这一幕的话，一定会对他大加赞赏，因为这个游戏的确鼓励了节俭、勤奋和守时的美德。

二、法庭

正游戏

法庭游戏与其他与法律相关的游戏一样，玩家在言语的表达上非常丰富，其中包括“木头腿”（以精神错乱为由逃脱罪责）和“债务人”（民事诉讼）。在临床上，这一游戏多见于婚姻咨询和婚姻团体治疗。事实上，一些婚姻咨询和婚姻团体治疗组成了一种无尽无休的法庭游戏。在这个游戏中，什么问题都不会得到解决，因为游戏从来就没有中断过。显而易见的是，在这种情况下，咨询师或心理医生也不自觉地加入了这场游戏。

法庭游戏对玩家的人数没有任何限制，但论其本质，它是由原告、被告和法官三个原型角色开展的，分别由丈夫、妻子和心理医生扮演。如果这个游戏是在治疗团体中开展的，或者是在电视节目上播放的，那么其他的观众就集体扮演陪审团的角色。比如，一位丈夫开始悲伤地说道：“让我告诉你我的妻子昨天做了什么。她拿了……”一旁的妻子立刻辩解道：“事情是这样的……而且，在那之前他还……总之，我们当时都……”丈夫又勇敢地补充道：“为了公平起见，我很高兴大家能听见故事的两面。”这时,心理医生明智地说:“在我看来,如果我们这样想……”如果还有其他人在场,心理医生很有可能会对他们说:“好吧,让我们听听其他人有什么想说的。”如果这个治疗团体已经磨合很久了,那么组员们甚至可以在没有心理医生的指导下集体出演陪审团的角色。

反游戏

心理医生对丈夫说:“你说得完全正确!”如果丈夫这时沾沾自喜地放松下来,心理医生会接着问他:“你觉得我刚刚对你的评价如何?”丈夫回答道:“很好。”心理医生接着说:“实际上,我觉得整件事都是你的错。”如果这位丈夫是一个诚实的人,那么他会说:“其实,我一直都知道这一点。”如果他不坦诚,他就会做出一些回应。而他的反应正说明游戏仍在继续。心理医生也就能继续研究丈夫的游戏。游戏性在于当原告大声要求胜利时,他实际上从根本上就知道自己是过错的一方。

在收集了足够的临床资料后,心理医生不仅能弄清目前的局面,而且能直接中断游戏的继续。这一中断技巧是所有反游戏中最为精妙的手段之一,即颁布一条规定:禁止在小组中使用语法上的第三人称。自此之后,组员们只能直接以“你”称呼对方,或以“我”称呼自己,但他们不能说“让我告诉你关于他(或她)的事”。这样,夫妻俩就不能继续法庭游戏了。如果他们改玩“亲爱的”(此游戏在本书中会被单独讨论），那么已经算是一种进步了；但如果改玩“而且还有”的游戏，原告会继续补充新的指控，被告则会继续说“我可以解释”，但原告压根不理会被告为自己的辩护；更糟糕的是，一旦被告无法继续解释，原告就会开始借另一个“而且还有”的游戏开始宣读他的下一份起诉书，而被告只能继续给出新的解释。由此可见，这一典型的父母自我—儿童自我的沟通游戏对改善夫妻关系一点帮助也没有。

偏执的被告往往会高强度地参与“而且还有”的游戏。由于他们在措辞上平铺直叙，那些善用幽默和隐喻的方式表达观点的原告很容易就会被他们打败。总的来说，隐喻是这个游戏中最需要避免的陷阱。

在日常生活中，尤其是当两个孩子和一位家长相处时，儿童往往会开始玩法庭游戏：

“妈妈，她偷吃了我的糖果！”

“没错，但是他先拿走了我的娃娃。而且，他还打了我。还有，我们之前明明都说好了可以分享糖果的。”

游戏分析

正游戏：所有人都必须认为我是对的。

目标：得到宽慰。

角色：原告、被告、法官、陪审团。

心理动力：同胞竞争。

典例：

(1)孩子吵架，父母调解。

(2)已婚夫妇，寻求“帮助”。

社交层面的沟通范式：

成人自我—成人自我。

成人自我：“他就是这么对我的。”

成人自我：“事实的真相是这样的。”

心理层面的沟通范式：

儿童自我—父母自我。

儿童自我：“我是对的，他是错的。”

父母自我：“不，这样才对”或“你们俩都没错”。

举动：

(1)控诉——辩护。

(2)原告采取辩驳、让步或和解的姿态。

(3)陪审团给出指示，法官作出决定。

(4)宣布最终判决结果。

益处：

(1)内在心理益处：投射内疚感。

(2)外在心理益处：免除内疚感。

(3)内在社交益处:“亲爱的”“而且还有”“争吵”等其他游戏。

(4)外在社交益处:“法庭”游戏。

(5)生理性益处:法官和陪审团的安抚。

(6)存在性益处:抑郁的心理立场——“错的总是我”。

三、冷淡的女人

正游戏

“冷淡的女人”游戏在婚姻生活中总会上演。我们根本无法想象一段没有正式确立的关系能够满足这一游戏所需要的时间、机会和特权,更加无法想象一段没有正式确立的关系在经历了这一游戏后能继续维系下去。

丈夫想和妻子亲热,但屡遭拒绝。妻子的理由是:“所有的男人都是发情的禽兽。你并不是真的爱我,爱的只是性而已。”丈夫只好暂时克制了自己的欲望,过了一段时间后,他再次向妻子求爱,但还是一样的结果。最终,他彻底放弃了,不再想和妻子亲热。随着时间的推移,妻子变得越来越不正经,有的时候还很健忘,比如她常常半裸着身子走进浴室,还会让丈夫帮忙递进干净的毛巾和内衣。如果这位妻子对这个游戏非常痴迷,那么她很有可能在派对上喝醉,然后和别的男人调情。最终,丈夫对妻子的挑逗做出了回应,再次向她求爱。毫无例外,丈夫再一次被拒绝。于是,“争吵”的游戏接踵而至:他们会在一些话题上吵得不可开交,比如对方的近期表现、其他的夫妻、亲家、财产、挫折等。最终,夫妻俩的争吵会以摔门而去的结局收场。

这一次,丈夫下定决心,暂时过几个月的禁欲生活。他抗拒了妻子在家里的"裸露游行"和忘记内衣的招数。另一边的妻子虽然变得越来越放肆,也越来越健忘,但他仍然不为之所动。后来有一天晚上,妻子破天荒地靠近他,吻了他。刚开始,他想起了自己当初下的决心,没有回应妻子。然而,禁欲那么久之后,性欲还是占了上风。他看到妻子没有抗拒他的试探,觉得这一次应该不会出岔子了,于是动作也越来越大胆。就在紧要关头,妻子突然往后退了一步,吼道:"看吧,我之前怎么说来着! 所有的男人都是发情的禽兽! 我想要的只是感情,而你感兴趣的只有性!"在这种情况下,随之而来的"争吵"游戏可能会略过近期表现、其他的夫妻、亲家等话题,直接跳到财务问题上来。

值得注意的是,尽管丈夫一再抗议妻子的冷淡,但他实际上和妻子一样害怕性亲密。他之所以谨慎地选择了这么一位伴侣,就是为了减少性恐惧对自己的干扰。而现在,他可以把所有的过错都怪罪在自己的妻子身上。

在日常生活中,不同年龄的未婚女士通常会玩这个游戏。因此,她们很快就为自己赢得了那个难听的绰号。此外,这群女士还经常玩"冷淡的女人"与"义愤填膺"或"挑逗"的组合游戏。

反游戏

“冷淡的女人”本身就是一个危险的游戏，因此其反游戏同样存在风险性。丈夫在外找一个情妇就像是一场赌博。妻子在面对激烈的竞争时，才可能开始考虑放弃自己的游戏。但真的等到那一刻，也许为时已晚。另一方面，在律师的帮助下，她可能会在“可算是逮着你了”的游戏中，利用丈夫的婚外情来制裁他。如果丈夫愿意接受心理治疗，而妻子不愿意，结果同样不可预测。随着丈夫重新掌握主动权，妻子的游戏可能会失效，婚姻生活进而会向更加健康的方向调整。但如果妻子是一个很难相处的人，那么丈夫的改善反而会导致离婚。如果可能的话，最理想的解决方案是让夫妻双方都参加婚姻团体治疗。这样一来，关于性的病理特征和游戏的潜在性益处都可以显现出来。有了这种准备，夫妻双方可能会对个人的心理治疗产生兴趣。产生“重修旧好”心理的可能性就大大提高了。即使理想的结果没有出现，至少夫妻双方对婚姻状况的判断和调整要比之前更加明智。

对于日常生活中的“冷淡的女人”而言，一般的反游戏是寻觅下一位社交伴侣。然而，极端的反游戏则非常阴险，甚至残暴（比如，非礼和强迫）。

相关游戏

如果性别对调的话,“冷淡的女人”就变为了“冷淡的男人”。不过,这一游戏十分罕见。它和“冷淡的女人”有大致相同的进程,只是在细节上有些许变化。最终的游戏结果取决于夫妻双方的人生剧本。[①]

“冷淡的女人”的关键点在最后阶段的“争吵”。一旦这一过程结束,性亲密就不再可能。这是因为夫妻双方都从“争吵”中获得了倒错的满足,也就不再需要从对方那里寻求进一步的刺激。因此,“冷淡的女人”的反游戏是拒绝“争吵”。这样一来,妻子就会处于一种欲求不满的状态。当这种不满足加剧时,她就会变得更加温和。

根据“争吵”的不同用法,我们可以区分“冷淡的女人”和“打我,爸爸”两个游戏:“争吵”在“打我,爸爸”游戏中属于前戏的一部分(即性行为的一个条件),就像是一种能唤起性欲的手段;而在“冷淡的女人”游戏中“争吵”直接取代了性行为,因为一旦开始“争吵”,就直接宣告性行为的结束。

在狄更斯(Dickens)的《远大前程》(*Great Expectations*)中,那个有些一本正经的小女孩就是“冷淡的女人”的儿童版原型:她穿着笔挺的衣服走了出来,吩咐小男孩为她用泥土捏出一个馅饼。等小男孩做好后,她又会一边嘲笑他满身是泥,一边炫耀自己是多么干净。

①“剧本”是作者提出的一个概念,前文中有单独介绍。——译者注

游戏分析

正游戏:可算是逮着你了。

目的:为自己辩护。

角色:*正派的妻子*、不体贴的丈夫。

心理动力:阴茎嫉妒情结。

典例:

(1)谢谢你的泥馅饼,你这个肮脏的小男孩。

(2)冷淡的妻子的不断挑逗。

社交层面的沟通范式:

父母自我—儿童自我。

父母自我:“我允许你为我做一个泥馅饼(吻我)。”

儿童自我:“乐意效劳。”

父母自我:“你看看你有多脏。”

心理层面的沟通范式:

儿童自我—父母自我。

儿童自我:“看看你能不能诱惑到我。”

父母自我:“如果你阻止我,我就试试。”

儿童自我:“看吧,是你先挑起的。”

举动:

(1)引诱——回应;

(2)拒绝——放弃;

(3)挑逗——回应；

(4)拒绝——“争吵”。

益处：

(1)内在心理益处：摆脱施虐幻想的愧疚感；

(2)外在心理益处：避免引发恐惧的身体裸露和性器插入；

(3)内在社交益处：“争吵”；

(4)外在社交益处：“你如何对待那个肮脏的小男孩(丈夫)”；

(5)生理性益处：禁欲游戏和发泄攻击欲；

(6)存在性益处：“我是纯洁的。”

四、忙碌

正游戏

“忙碌”通常是家庭主妇的游戏。家庭中的琐事让她不得不精通十到十二种工种。换句话说，她需要优雅地扮演十到十二个角色，比如母亲、保姆、女佣、情妇等。然而，这些角色常常相互冲突，让她疲惫不堪。在日复一日的辛苦操劳后，所谓的“膝盖病”(即家庭主妇们在刷碗、擦地、搬运、开车等日常活动中都需要频繁地使用膝盖)象征性地代表了家庭主妇的生活现状。她的临床症状可以用一句简单明了的话概括——我累了。

当这位家庭主妇能够规划好自己的生活，并且能够从爱她的丈夫和孩子那里获得足够的满足，那么她不仅不会感到自己是在为他人服务，反而会感到愉快，甚至会因为想到儿子即将去上大学而暗自神伤。相反，当她一方面被内在的父母自我所驱使，苛刻的丈夫又总是对她吹毛求疵（这正是她选择这位丈夫的原因）；另一方面，她不能从家庭生活中获得足够的满足，那么她就会郁郁寡欢。在这种情况下，她起初可能利用"要不是因为你"游戏和"瑕疵"游戏来安慰自己（事实上，所有的家庭主妇在遇到困难时都会依赖这两个游戏）。然而，光靠这两个游戏，并不能彻底解决问题。用不了多久，她就得另寻出路。这个时候，"忙碌"游戏就派上用场了。

这个游戏的玩法非常简单。她只需要接受一切，甚至要求更多。她一边认可丈夫的批评，一边接受孩子们的所有要求。当她在晚宴上招待客人时，她会觉得自己必须扮演好一个无可挑剔的应酬者、女主人、服务员、外交官、室内装饰设计师、晚宴负责人、魅力少女、童贞女王[1]的角色。她还会在宴会当天的一早就主动为客人们烤蛋糕，带孩子们去看牙医。如果她那一天本来就已经足够忙碌了，她还会让这一天更加忙碌。等到下午的时候，她就莫名其妙地瘫倒了，什么活儿也做不动了。她辜负了她的丈夫、孩子和他们的客人，她的自我责备同时也增加了自己的痛苦。这种情况发生了两三次之后，她的婚姻岌岌可危，孩子们混乱不已，而她体重骤降，蓬

① 英国女王伊丽莎白一世的称号。——译者注

头垢面，精神不振。最后，她出现在精神病医生的办公室，准备住院接受治疗。

反游戏

“忙碌”的反游戏的玩法同样非常简单。这位家庭主妇仍然可以在一周内继续扮演她的每个角色，但她必须拒绝同时扮演两个或更多的角色。比如，当她举办酒会的时候，她要么扮演晚宴负责人，要么扮演服务员，但不能同时扮演这两个角色。如果她的症状仅仅是“膝盖病”，那么上述方法可以帮助她限制自己的行为。

然而，如果她真的在“忙碌”中自得其乐，那她将很难坚持这一原则。在这种情况下，她会精心挑选一位特别的丈夫：他在平日里通情达理，一旦发现妻子没有自己的母亲那样勤劳，就会对她大加指责。事实上，妻子延续了丈夫在父母自我状态下对母亲的幻想，而丈夫的幻想与妻子对母亲或祖母的幻想相似。在找到合适的伴侣后，她便能在儿童自我状态下扮演那些忙碌的角色，从而维持心理的平衡。当“忙碌”的游戏开始后，她就很难放手了。丈夫在外的工作越繁重，夫妻二人就越容易在成人自我状态下找到理由去维持这段不健康的关系。

当学校为不幸的子女联系家长时，这种官方的干预会让夫妻二人无法继续这场游戏。随着心理医生的介入，双人游戏变为了三人游戏。要么丈夫想让心理医生彻底改变妻子，要么妻子想让心理医生成为对抗丈夫的盟友。接下来的进程完全取决于心理医生的专业性和警觉性。顺利的话,在游戏的第一等级,妻子的抑郁通常会有所减轻;而在游戏的第二等级,妻子决定性的转变是放弃“忙碌”游戏,转而开始玩“精神病学”游戏。这个新游戏会激化夫妻双方的矛盾。有的时候,妻子会很隐蔽地玩这个游戏,然后突然与丈夫爆发冲突(尽管这都是妻子计划好的)。如果这个阶段经受住了考验,那么真正的游戏分析工作就可以继续进行了。

必须认识到真正的罪魁祸首是妻子的父母自我(对母亲或祖母的幻想)。在某种程度上,丈夫只是一个被妻子选来扮演游戏角色的傀儡。对于心理医生而言,他不仅需要与妻子的父母自我斗争,而且需要与投入了大量精力以达到自己目的的丈夫周旋。此外,他还需要鼓励妻子有意识地对抗社会文化对女性的要求。比如,报刊上会刊登“家庭主妇必须扮演的许多角色”,并在周日的报纸附上“我做得怎么样?”的十道测试题:“作为一位女主人/妻子/母亲/主妇/服务员……你做得有多好?”这对于“忙碌”游戏中的家庭主妇而言,无异于儿童游戏的各种烦琐规则。有时,这些测试题会加速游戏的结束。如果没有效果,医院游戏(“我最不想要的就是被送进医院”)则很有可能上演。

“忙碌”夫妇的一个棘手难题是,丈夫虽然会玩“看看我有多努力”,但他往往拒绝接受个人治疗。实际上,丈夫真实的不安比他愿意透露出来的要大得多。相反,他可能朝妻子发脾气,然后再通过妻子与心理医生的倾诉间接地向心理医生传达信息。因此,“忙碌”游戏很有可能升级为第三等级,成为一场“生—死—离”之间的斗争。心理医生始终坚守“生”的一边,唯一的盟友是妻子忙碌的成人自我,而妻子的父母自我、儿童自我与丈夫的三种自我结盟。这是一场二对五的激烈对战。只有专业的心理医生才能帮助夫妻二人摆脱游戏的束缚。如果心理医生畏惧了,他可以直接把他的病人送上离婚法庭的祭坛。这一做法相当于宣布:“我投降了,你继续和他斗吧。”

五、要不是因为你

正游戏

第五章已经对“要不是因为你”进行了详细的分析。这个游戏是继“那你为什么不——听起来很不错,但是”后发现的第二个游戏。在此之前,人们仅仅将这个游戏视为一种有趣的现象。随着对“要不是因为你”深入研究,我们很清楚地发现这个游戏是建立在一系列潜在性沟通行为的基础之上,并进行了更加积极的探索,人际沟通理论便是其相关成果。

简而言之,一个女人之所以选择一位专横的丈夫,是为了有一个人能限制自己的活动,从而帮助她避开恐惧的场合。如果夫妻的关系比较简单,那么每当丈夫限制妻子的时候,妻子都会表达谢意。

然而，进入游戏的模式后，妻子的反应则完全相反——她会抱怨丈夫的限制，让自己的配偶感到不安，并给自己带来各种各样的好处。“要不是因为你”是这个游戏的内在社交性益处，外在社交性益处“要不是因为他”是从这个游戏中衍生出的消遣(即妻子和她的闺蜜玩的游戏)。

六、我明明已经很努力了

正游戏

从常见的临床形式来看，“我明明已经很努力了”是由一对夫妇和一位心理医生一起玩的三人游戏。丈夫通常表面上极力反对离婚，但私底下却在千方百计地想离婚；妻子则真诚地希望维系这段婚姻。为了证明自己愿意配合，他带着敌意去见心理医生，佯装成积极与妻子交流的样子。在治疗的过程中，他通常会温和地玩“精神病学”或“法庭”的游戏。随着时间的推移，他虽然在表面上对心理医生言听计从，内心却对心理医生的反感却越来越深，甚至偶尔会与心理医生辩论几句。回到家的时候，他又变得既体贴，又克制。然而，夫妻的关系还是那么的糟糕。最终，当他认为见心理医生的次数已经够多的时候(一次、五次或十次取决于心理医生本人的能力)，他就不会再来了，而是去打猎或钓鱼。妻子随后被迫提出了离婚。丈夫通过接受心理治疗的“努力”，表明了自己的诚意；而主动提出离婚的又是妻子,于是丈夫现在成为那个无可指责的人。他可以当着律师、法官、朋友和亲属的面说:“我明明已经很努力了!”

反游戏

当夫妻二人一起去看心理医生时,那位丈夫很明显是在玩“我明明已经很努力了”的游戏,最终成功离婚。但如果丈夫一直以没有准备好为由拒绝和妻子去看心理医生,他虽然可以成功离婚,但必须牺牲一直努力维持的心理立场。在这种情况下,妻子始终是努力的那一方,她的心理立场也得到了改善,因此她完全有资格提出离婚。最理想的结果是,丈夫在放弃自己的游戏后,陷入绝望的状态,然后真诚地去寻求心理医生的帮助。

在日常生活中,孩子们也常常与自己的家长玩这个游戏。当孩子失败了,或者把事情搞砸的时候,他们往往可以从“我无能为力”或“我无可指责”这两个角度来玩这个游戏。如果是“无能为力”的情况,父母就不得不帮助孩子;如果是“无可指责”的情况,父母就没有惩罚孩子的理由,游戏性便源于这两点。父母的对策是调查究竟是谁教会孩子这个游戏的,孩子们又是如何长期玩这个游戏的。

“我明明已经很努力了”还有一个既有趣、有时又很危险的变体游戏——“看看我有多努力”。这一游戏可分为三个严重等级。有很多患者会尽自己最大的努力来应对身体的障碍,并且能以合情合理的方式获得家人的帮助。然而,这一游戏也可能被用于不可告人的目的。

在这里，我们不妨以一个患有胃溃疡的职员为例：

第一等级：一个男人向他的妻子和朋友公布自己得了胃溃疡。他还告诉他们，自己会一直坚持工作。这样的言行赢得了大家一致的称赞和钦佩。也许，一个饱受慢性疾病折磨的人有权卖弄自己的痛苦来换取一些心理补偿。实际上，他没有借机玩“木头腿”的游戏，仍然继续履行自己的工作职责，就已经非常值得尊重了。在这样的情况下，对“看看我有多努力”的最佳回应是“是的，我们都很敬佩你的毅力和责任心”。

第二等级：一个男人被医生告知自己身患胃溃疡，但他却对他的妻子和朋友们守口如瓶。他继续像以前一样努力工作，终于有一天他的身体崩溃了。等他的妻子得知详情后，第一时间就领会到丈夫所表现出的“看看我曾经多努力”的信息。妻子现在最应该做的是欣赏和赞美丈夫，并且为自己说过和做过的错事感到愧疚。简而言之，丈夫在过去追求妻子的所有行动都比不上这一游戏的效果，而妻子在这个游戏中必须彻底爱上自己的丈夫。对于丈夫来说，不幸的是妻子所表现出的感情和关爱源于愧疚，而非真爱；而在妻子的内心深处，她可能会怨恨丈夫，因为丈夫通过隐瞒病情这一不公平的手段，制造了夫妻二人目前不平等的地位。这么看来，求爱的最佳工具还是钻石手镯，因为它至少比穿孔的胃要真诚得多。毕竟，妻子可以选择退回手镯，但她不可能在丈夫生病的时候体面地离开。因此，对妻子来说，丈夫突如其来的重病更像是一个陷阱。

一般来说，患者在首次得知自己身患慢性疾病之时，就发现了这个游戏。如果他打算玩游戏，那么整个计划很可能会在那一刻闪过他的脑海。通过仔细的精神病学检查，我们可以发现虽然他的成人自我对疾病忧心忡忡，但他的儿童自我对隐瞒病症这一计划沾沾自喜。

第三等级：当慢性疾病转变为严重的急性疾病时，"看看我曾经多努力"的游戏就会变成一场可怕的灾难，其结果很有可能是突如其来、出乎意料的自杀。有一天，妻子走进浴室，发现她的丈夫死在了浴缸里，而她从来都没有听丈夫说过身患重症的事情。丈夫的自杀就像是一封遗书，上面清清楚楚地写着"看看我曾经多努力"。如果同样的事情在一位妻子身上发生两次，是时候调查一下她在玩什么游戏了。

游戏分析

正游戏：我不能任由他们摆布。

目的：为自己辩护。

角色：*固执者*、斥责者、权威者。

心理动力：肛门期攻击。

典例：

(1)儿童穿衣。

(2)夫妻谋求离婚。

社交层面的沟通范式：

成人自我—成人自我。

成人自我："是时候穿上衣服了(是时候去看心理医生了)。"

成人自我："好的,我会的。"

心理层面的沟通范式：

父母自我—儿童自我。

父母自我："我让你穿衣服(我让你去看心理医生)。"

儿童自我："看吧,没什么作用。"

举动：

(1)建议——抵触。

(2)逼迫——屈从。

(3)赞许——失败。

益处：

(1)内在心理益处:摆脱攻击欲所带来的愧疚感。

(2)外在心理益处:逃避家庭责任。

(3)内在社交益处:"我明明已经很努力了"。

(4)外在社交益处:"我明明已经很努力了"。

(5)生理性益处:发泄攻击欲。

(6)存在性益处:"我无能为力"或"我无可指责"。

七、亲爱的

正游戏

在婚姻团体治疗的初期阶段，由于夫妻双方都存有戒心，“亲爱的”这一游戏常常会上演。此外，在一些社交场合，我们也可以观察到这一游戏的身影。白方在朋友们面前以说笑话的方式巧妙地贬损了自己的妻子。最后，他还不忘对妻子补上一句：“是不是这样呀，亲爱的。”在这种场合下，妻子在成人自我的状态下会佯装认同。有以下两个原因：①丈夫所说的故事基本上是真实的。如果揪着细枝末节的错误公然反对丈夫，未免有些小家子气（然而，那些细节正是游戏的重点）；②当众反对丈夫是不合时宜的，更何况他刚刚还叫自己“亲爱的”。然而，妻子表面上的认可却源于自己抑郁性心理立场。妻子之所以选择这样的丈夫，正是因为他会暴露她的缺陷，从而帮助她避免亲自暴露自身缺陷的尴尬。在她小的时候，她的父母也以同样的方式照顾她。

除了“法庭”游戏之外，“亲爱的”是婚姻群体中最常见的游戏。在潜在的不满变得明显之前，形势越紧张，游戏就越容易暴露，“亲爱的”这个词也会越发刺耳。如果我们仔细分析，会发现“亲爱的”是“笨手笨脚”的相关游戏。游戏中最关键的举动是妻子不仅暗自原谅了丈夫，还努力佯装自己对此没有丝毫察觉。由此可见，“亲爱的”

的反游戏与“笨手笨脚”的反游戏有异曲同工之妙:“你可以继续讲一些我闹过的笑话,但不要再叫我‘亲爱的’了。”值得注意的是,这样的反游戏与“笨手笨脚”的反游戏一样具有风险。更加圆滑、更加安全的反游戏是简单地回一句:“是的,亲爱的。”

在另一种情况下,当妻子想要反对丈夫对自己的贬低,她同样以“亲爱的”的方式和大家分享了丈夫的糗事,用实际行动向丈夫说明了“你也做过丢脸的事情,亲爱的”。

还有一些情况,诸如“亲爱的”等亲昵的词汇并不会被直接说出口,但细心的倾听者即使没有听到,也能有所感受。这就是沉默型“亲爱的”游戏。

参考资料

[1] Bateson, G., et al., "Toward a Theory of Schizophrenia", *Behavioral Science*, 1:251–264, 1956.

第八章　聚会游戏

聚会是消遣的主要场合，消遣则是聚会的主要目的(包括团体会议正式开始前的一段寒暄时间)。随着大家越来越熟络，游戏便开始了。“笨手笨脚”的玩家能够找到他的受害者，“老大”能找到他的“小老弟”，所有熟练的筛选过程都在暗中进行着。一般社交场合下进行的游戏通常有四种：“这还不糟吗”“瑕疵”“笨手笨脚”“那你为什么不——听起来很不错，但是”。

一、这还不糟吗

正游戏

“这还不糟吗”主要有四种游戏形式：父母自我的消遣、成人自我的消遣、儿童自我的消遣和游戏。消遣往往不会产生结果和收获，只会产生没有价值的情感。

1.“这年头”是一种在父母自我状态下的自以为是的、惩罚性的，甚至是带有恶意的消遣。从社会学的角度看，一些拥有一笔小额存款的独立妇女常常玩这一游戏。比如，有一位女士在加入团体治疗的那天对组员们说道：“这年头，怪不得人与人之间缺乏信任。

有一天，我翻开了一位房客的抽屉，你们不会猜到我看到了什么。”游戏分析对于这样一个经验丰富的团体来说早已经是家常便饭了，因此她们对这位女士讨论的话题没有表现出任何兴趣。这位女士发现她不仅没有像在自己的社交圈里那样受到组员们热烈的追捧，反而没有多少人回应她。于是，她直接退出了这个团体。这位女士对大多数的社会问题都有一套自己的见解：青少年犯罪——这年头的父母太过软弱；离婚——这年头的妻子们都太闲了；犯罪——这年头，太多外国人搬进社区了；物价上涨——这年头的商人都太贪婪了……她还明确表示，她对屡教不改的儿子和行为不检点的租客都不会心慈手软。

“这年头”与八卦是有所差异的。两者的开场白可能一样（“听说白方一家人……”），但“这年头”有一个常搭配的标语——“怪不得”；而且，“这年头”既有说话的目的，也有结论，有时甚至会有解释。八卦则是一种漫无目的的侃侃而谈，往往不会产生任何结论。

2.“破皮”是成人自我状态下的消遣，其标语是“多可惜啊”！虽然这是一个比较友善的消遣，但同样潜藏着病态的心理动机。“破皮”主要与受伤流血有关；究其本质，它是一种非正式的“临床研讨会”。每一位参会的人都有资格汇报一个病例，细节越详细，情节越恐怖，效果越佳。诸如被打烂的脸、剖腹手术、难产等话题都是受欢迎的，其中透露出的竞争性、专业性和复杂性都是八卦所不具有的。每一个参与其中的人都会系统地探讨病理解剖学、疾病诊断、疾病预防、病例研究。在谈到疾病预防时，人们可以在八卦中达成积极乐观的预测共识。但在“破皮”中，人们不仅完全无法接受积极乐观的预测（除非是违心之论），还会排挤态度乐观的人，并且对其进行“资质审查”。

3.“茶水时间”或“休息时间”是一种发生在儿童自我状态下的消遣，其标语是“看看他们现在对我们做了什么”。这一消遣是机构组织中的变体。此外，等到夜生活拉开序幕的时候，人们可以在酒吧里进行“高脚凳”消遣，谈论政治或者经济。一般来说，这一消遣除了在场的两个交谈者，还需要一个看不见摸不着的手持王牌的人物（人们经常称其为“他们”）。

4.在很多“多次手术症”的人身上，“这还不糟吗”这一游戏得到了戏剧性的展现，而他们之间的沟通也体现了这一游戏的特点。这些医院的“常客”即使面对医生们的强烈反对，也会积极寻求手术治疗。对于他们来说，求医、住院和手术这些活动本身就能带来益处。内在心理益处来自身体的损伤；外在心理益处来自对医生的言听计从，逃避一切亲密关系和责任；生理性益处来自住院期间得到的护理；内在社交益处来自医护人员和其他病友。在出院后，患者通过激起他人的同情和敬畏，从而获得外部社交益处。在极端的情况下，此款游戏的资深玩家甚至会通过这个游戏蓄意伤害身体来骗取医疗事故赔款。他们不仅索要赔偿，还索要大众的同情。当“这还不糟吗”的玩家向公众表达自己的不幸时，便标志着游戏的开始。

与此同时，玩家会对自己从不幸中获得的满足感到窃喜。一般来说，遭受不幸的人可以分为三类。

(1)第一类人是那些在无意中遭受痛苦的人。这些人完全有理由得到或婉拒人们的同情。即使他们接受他人的同情，也是一件自然而然的事情。所以，看到他们，我们应该以礼待之。

(2)第二类人同样是那些在无意中遭受痛苦的人，但他们仅仅因为自己可以利用他人的同情，就欣然接受了自己的痛苦。因此，对于他们来说，游戏是在痛苦的事发生之后产生的。用弗洛伊德的话来说，这是一种“次级获益”。

(3)第三类人是那些主动寻求痛苦的人。他们就像手术成瘾者一样，不停地寻找愿意为他们动刀的外科医生。对于他们来说，游戏是首要的考虑因素。

二、瑕疵

正游戏

“瑕疵”是日常生活中大部分琐碎纠纷的根源；它是从压抑的心理立场“我不行”(儿童自我状态)，转变为保护性的心理立场“他们不行”(父母自我状态)。“瑕疵”的玩家会把自己遭遇的沟通障碍看作“他们不行”的证据。因此，玩家们只有在找到一个陌生人的缺点后，才能和他融洽相处。在最极端的情况下，一位独裁人物会将“瑕疵”升级为集权主义政治游戏，从而对历史进程产生严重的影响。我们由此可以明显地看出“瑕疵”与“这年头”的密切关联。对于郊区居民而言，玩“我做得怎么样”可以获得积极的安慰。然而，玩“瑕疵”只会带来消极的安慰。接下来的局部分析将会详细解释“瑕疵”的游戏性。

玩家会尽心竭力地寻找“瑕疵”，小到无关紧要、微不足道的琐事（“过时的帽子”），大到阴阳怪气（“银行里的存款居然不到7000元”）、冷嘲热讽（“乡巴佬”）、故作高深（“居然没读过里尔克的诗”）、私密问题（“他阳痿”）、久经世故（“他到底想证明什么?”）。从心理动力学层面来说，“瑕疵”通常是基于对性的不安全感，其目的是寻求安慰。从沟通层面来说，这个游戏涉及窥探、警觉，以及病态的猎奇心理。玩家有时还会为了儿童自我的享乐，打着成人自我或父母自我的幌子对他人表达关切。内在心理益处是防止抑郁，外在心理益处是避免可能暴露自身瑕疵的亲密行为。白方会认为拒绝一个很土的女人、没钱的男人、乡巴佬、文盲、性无能的男人、缺乏安全感的人是非常合理的。作为一种内在社交行为，窥探带给玩家某些生理性益处。外在社交益处与“这还不糟吗”相似，同属于邻居型游戏。

值得一提的是，玩家对瑕疵的选择与他本人的智商和教养没有任何关系。一位曾在国家外交部门担任过要职的人公开表示，某一个国家是劣等民族；而他给出的理由仅仅是那个国家的男人们穿的夹克袖子太长了。实际上，这个人在成人自我状态下是非常有能力的，但当他在父母自我状态下玩类似“瑕疵”的游戏时，所谈论的内容才会如此不合时宜。

三、笨手笨脚

正游戏

“笨手笨脚”游戏中的玩家并不像德国诗人沙米索（Chamisso）[1]笔下的那个没有影子的主角①，更像德国人和荷兰人口中的“狡猾”。而“笨手笨脚”的受害者很像法国作家保罗·德·库克（Paul de Kock）笔下的“好脾气”[2]（也被称作“倒霉蛋”）。在这一游戏中，典型的举动如下：

1W.白方不小心把酒泼到了女主人的晚礼服上。

1B.黑方（男主人）在第一时间感到很愤怒，但他隐隐约约地意识到如果自己动怒了，白方就赢了。于是，黑方克制住了自己，为自己营造了胜利的错觉。

2W.白方说：“对不起。”

2B.黑方会小声嘟囔几句或者直接表示原谅。这样的反应强化了黑方自以为取胜的错觉。

---

① 这一角色来自《彼得·施莱米尔的奇异故事》（*Peter Schlemihls: wundersame Geschichte*）：主人公施莱米尔为了追求金钱和物质的享受而出卖了自己的影子，而后遭受无尽的苦恼、悲哀和不幸。——译者注

3W. 接下来，白方继续在黑方的家里制造混乱：打碎酒杯、弄洒酒水、乱扔烟头、烧着桌布、用花边窗帘缠住椅子腿、往地毯上倒肉汁。白方的儿童自我很享受恶作剧的过程，而且他的所作所为全都得到了原谅，这让他兴奋不已。另一边的黑方则通过痛苦的自我控制得到满足。因此，两方都从不幸的情况中受益，黑方甚至不会考虑和白方绝交。

就像在大多数游戏中一样，先走一步的白方无论怎样都会取胜。即使黑方当场表现出愤怒，白方也能进行回击而问心无愧。如果黑方自始至终都没有失态，那么白方还能趁机继续享受恶作剧的快乐。然而，在这个游戏中，对白方而言，破坏的乐趣仅仅是一种额外的奖励，真正的益处则是获得原谅。[①]了解了这一点，我们就能理解“笨手笨脚”的反游戏。

反游戏

很明显，“笨手笨脚”的反游戏便是不给予玩家他想要的原谅。当白方说了“对不起”后，黑方不要说“没关系”，而应该说：“今晚你可以让我妻子难堪，破坏家具，毁掉地毯，但请你就是不要说对不起。”在这里，黑方从宽容的父母自我调整为客观的成人自我，邀请白方立即承担全部的责任。

---

① 关于这个游戏及下个游戏（“那你为什么不——听起来很不错，但是”）都来自我的《沟通分析心理治疗》一书。——作者注

通过观察白方听到此话后的反应，我们可以判断这一游戏的强度。在极端情况下，白方会情绪失控，而反游戏的黑方则会立刻树敌，甚至有遭到报复的风险。

孩子们玩“笨手笨脚”注定会失败，因为他们并不总能获得原谅，但他们至少能从制造混乱中得到乐趣。然而，当儿童学会在社交中举止得体时，他们可能会越发老练地获得他人的原谅(这也是有礼貌的成年人在社交圈里玩该游戏的主要目的)。

游戏分析

正游戏：“我就算搞破坏，也能获得原谅。”

目的：获得原谅。

角色：*挑衅者*、受害者(俗称笨手笨脚的人、倒霉蛋)。

心理动力：肛门期攻击。

典例：

(1)把一切都弄得乱七八糟的儿童。

(2)笨拙的客人。

社交层面的沟通范式：

成人自我—成人自我。

成人自我：“既然我有礼貌，你也得有礼貌。”

成人自我：“好吧，我原谅你。”

心理层面的沟通范式：

儿童自我—父母自我。

儿童自我:“那些事情都是意外,你必须原谅我。”

父母自我:“你说得没错,我需要以身作则,教导你如何以礼待人。”

举动:

(1)挑衅——愤恨;

(2)道歉——原谅 。

益处:

(1)内在心理益处:制造混乱的快感。

(2)外在心理益处:逃避惩罚。

(3)内在社交益处:“笨手笨脚的人”。

(4)外在社交益处:“笨手笨脚的人”。

(5)生理性益处:刺激、温柔的安抚。

(6)存在性益处:“我无可指责。”

四、那你为什么不——听起来很不错,但是

正游戏

“那你为什么不——听起来很不错,但是”在游戏分析中占有一个非常特别的位置,因为它是游戏概念的灵感之源,也是第一款从社交情境中剥离出来的游戏。鉴于它属于最早一批被分析的游戏,对它的研究是比较透彻的。此外,这一游戏在聚会和各大组织机构中常常出现,团体治疗也不例外。下面的这个例子可以说明“那你

为什么不——听起来很不错,但是”的主要特征:

白方:“我的丈夫总是坚持自己动手修理东西,但他从来没有把任何东西修好过。”

黑方:“那他为什么不去报名修理课呢?”

白方:“听起来很不错,但是他没有时间。”

蓝方:“那你为什么不给他买一套好工具呢?”

白方:“听起来很不错,但是他不知道怎么用。”

红方:“那你为什么不直接请一位修理工呢?”

白方:“听起来很不错,但是太花钱了。”

棕方:“那你为什么不接受他的爱好呢?”

白方:“听起来很不错,但是如果一直这么下去,家里就没一样能用的东西了。”

这样的交流在几个回合之后通常是一段沉默。最终,绿方会打破这一僵局,他可能会说:“这就是你的男人,一个努力向你证明自己能力的男人。”

“那你为什么不——听起来很不错,但是”这一游戏对玩家的人数没有限制。当游戏的发起者提出一个问题后,其他人轮流以“那你为什么不”的句式提出解决方案,而发起者会以“听起来很不错,但是”的句式一一回绝。一个坚定不移的发起者可以一直不采纳他人的建议。这样一来，其他的玩家都败下阵来，发起者自然取得游戏的胜利。在大多数情况下，发起者需要一口气拒绝十几个建议，才能营造出象征胜利的沉默。与此同时，沉默也为下一个游戏打开了窗口（即上述示例中，绿方将“那你为什么不——听起来很不错，但是”转变为失职丈夫型的“家长会”）。

我们可以发现几乎所有的建议都会遭到否定，由此可以推测这个游戏中必定包含着某种隐蔽的目的。“那你为什么不——听起来很不错，但是”的发起者表面上是以成人自我寻求建议，实际上是为了安慰和满足儿童自我。换句话说，仅从对话内容来看，发起者的确处于成人自我状态下；但从真实情境来看，发起者却展现了儿童自我的束手无策；而其他的玩家则是在父母自我状态下急于分享自己的真知灼见。具体过程请参考图8。

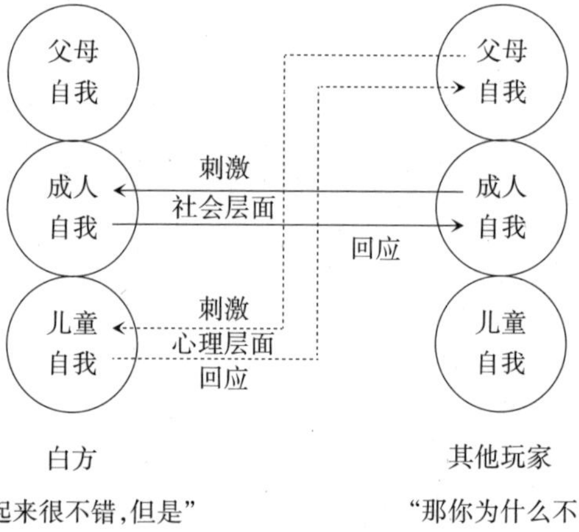

图8 “那你为什么不——听起来很不错，但是”

这一游戏之所以能够继续进行，首先是因为在社交层面上，游戏者的刺激和反应都是在成人自我—成人自我之间沟通的；其次在心理层面上，游戏者的自我状态又是互补的（即父母自我刺激儿童自我："那你为什么不"；儿童自我回应父母自我："听起来很不错，但是"）。此外，玩家们都会在无意识的情况下进行心理层面的沟通。但是，敏感的人可以从姿态、肌肉张力、声调、措辞等方面的变化观察到自我状态的切换（发起者从成人自我切换为束手无策的儿童自我，其他游戏者从成人自我切换为分享真知灼见的父母自我）。

为了更好地理解这一隐藏的过程，我们不妨继续看一个发生在心理治疗过程中的例子：

> 心理医生："有没有人给过你一些好建议呢？"
>
> 白方："没有。其实，大家给我的全部建议，我几乎全部都尝试了一遍。我给我丈夫买了一些工具，还帮他报名了修理课。"

通过这组对话，我们可以理解为什么不能只关注游戏程序的表象。首先，在大多数情况下，白方与其他的游戏参与者一样聪明，她其实靠自己也能想到其他人提出的建议。在公平游戏的情况下，如果有人碰巧提出了一个白方未曾想到的主意，白方会感激地接受这个建议。也就是说，如果有人能当面提出一个能有效刺激白方成人自我的建议,那么她那束手无策的儿童自我就会选择让步。对“那你为什么不——听起来很不错,但是”的“惯犯”而言,他们很少会公平地玩游戏。其次,对于太轻易接受他人建议的游戏发起者,我们有理由怀疑“那你为什么不——听起来很不错,但是”的游戏背后是否还隐藏了“愚蠢”的游戏。

在这里,我之所以给出一个极具戏剧性的例子,是因为它清楚地说明了第二个原因。即使白方真的尝试了他人提出的建议,她仍然会否定它们。游戏的目的不是获得建议,而是拒绝建议。

考虑到这个游戏具有规划时间的价值,几乎所有的人都会在适当的场合中玩这个游戏。不过,仔细研究那些特别喜欢玩这个游戏的人,我们可以发现一些有趣的特征。首先,玩家们能够并且愿意以同样的能力来扮演游戏的任何一方。这种角色反转是所有游戏的共同点。玩家可能习惯于选择一种固定的角色,但他们可以出于某个目的而愿意反转角色,或者扮演其他的角色(比如,在“酒鬼”游戏中的酗酒者会转换为拯救者)。

其次,临床实践的经验告诉我们,喜欢玩这一游戏的人往往会要求使用催眠或助眠药物来加速治疗的进程。当他们玩这个游戏的时候,他们的目标是证明没有一个人能够提供可以采纳的建议。也就是说,他们永远也不会认输。但当他们面对的是心理医生时,他们却要求医生让自己陷入一个完败的状态。由此可见,“那你为什么不——听起来很不错,但是”是一种通过社交方式解决关于认

输的矛盾心理的游戏。更具体地说,这个游戏在害怕尴尬的人群中非常常见,如下面的治疗对话所示:

心理医生:"你既然明明知道'那你为什么不——听起来很不错,但是'毫无用处,那你为什么还要一直玩这个游戏呢?"

白方:"一旦我开始和别人说话,我就想保持一直对话的状态。要不然的话,我就会面红耳赤。除非是在黑暗的环境里,否则我根本无法忍受谈话的中断。我知道我有这个毛病,我的丈夫也知道。"

心理医生:"你的意思是,当你的成人自我无所事事的时候,你的儿童自我就会抓住机会突然出现,这会让你感到尴尬,是吗?"

白方:"没错。所以,只要我能继续给别人提建议,或者让他人继续给我提建议,我就不会有任何问题,而且会感到很安全。只要我的成人自我一直有事可做,我就不会感到尴尬。"

在这里,白方明确指出自己非常害怕没有规划的时间。只有当她的成人自我能够在社交场合中保持忙碌的状态,她的儿童自我才不会出现,而游戏可以规划时间为她的成人自我继续发挥作用提供场合。但只有在合适的游戏里,她才可以继续维持自己的兴趣。因此，“那你为什么不——听起来很不错，但是”是她精打细算的选择：在这个游戏中，她的儿童自我在被动的冲突中获得了最大化的内在和外在益处。此外，她还可以以相同的热情去玩游戏：要么是狡猾的儿童自我不能被控制，要么是明智的父母自我试图控制别人的儿童自我，但以失败告终。鉴于这一游戏的首要原则是绝不接受任何建议，父母自我永远不可能成功。由此可以看出这一游戏的座右铭：“别慌，父母自我永远不会成功。”

总的来说，白方在游戏中的每一个举动都能自得其乐。回绝建议本身就会带来一点乐趣；但当所有的人绞尽脑汁也想不出令白方满意的建议后，随之而来的沉默（或假装的沉默）才是白方在游戏中真正的获益。对白方和其他玩家来说，这沉默意味着她的胜利，因为她通过众人的沉默证明了是他们的能力不够。如果其他玩家一直没有沉默，那么这个游戏还将持续几分钟。在上述的例子中，绿方中断了白方胜利的喜悦，因为她急于跳出白方的游戏，让大家陪她玩她的游戏。在这样的情况下，白方会因为绿方缩短了自己胜利的时间而心存芥蒂，很有可能在绿方的游戏里“报复”她。

“那你为什么不——听起来很不错，但是”另一个有趣的特点在于外在游戏和内在游戏的玩法完全相同，只不过角色反转了。在外在形式的游戏中（即社交场合中），通过观察白方的临床表现，我们可以发现她的儿童自我在多人的情况下扮演了一位能力不足的求助者。而在内在形式的游戏中（即家庭环境中），白方与丈夫的两人游戏更加亲密，她的父母自我扮演了一个聪明、高效的建议者。这种角色反转是次要的。虽然她在恋爱期间扮演了无助的儿童自我，但在蜜月结束后，她那专横的父母自我便会开始表现出来。随着婚礼的临近，她偶尔会从儿童自我转变为父母自我，但她的未婚夫在忙于安定夫妻生活的过程中往往会忽略这一变化。如果这位未婚夫察觉到了这一变化，那么他会编造一些"正当理由"来取消婚礼。白方会因此伤心，但仍然不会吸取教训，而是继续去寻找下一位合适的对象。

反游戏

显而易见，白方开始游戏的第一步是描述自己的"问题"，而回应白方的那些玩家则是以"我只是好心帮你"的形式参与游戏。实际上，"那你为什么不——听起来很不错，但是"恰恰是"我只是好心帮你"的另一面。在"我只是好心帮你"的游戏中，一位心理医生将会面对一群心理患者；而在"那你为什么不——听起来很不错，但是"中，一位心理患者将会面对一群"心理医生"。因此，"那你为什么不——听起来很不错，但是"的反游戏便是不玩"我只是好心帮你"的游戏。如果开场白是"如果……你会怎么做"，那么最好的回答是"真是一个难题。你打算怎么做呢"；如果开场白是"总是解决不了某某问题"，那么最好的回答是"那可太糟了"。这两种回答礼貌到足以让白方不知所措，或者至少会引发交错型沟通。这样一来，白方的沮丧就会显现出来，下一步的探究才能得以开展。在团体治疗中，当组员被邀请玩“那你为什么不——听起来很不错，但是”时，他最好的做法是克制自己不去玩“我只是好心帮你”。白方和其他玩家都能从这一反游戏中吸取经验。这一反游戏正是“我只是好心帮你”的反游戏的另一面。

在社交情境中，如果这一游戏是有益无害的，那就没有不参与的理由。如果玩家是为了否定心理医生而故意发起游戏，那么心理医生就有必要采取反游戏的策略。但在这种情况下，儿童自我遭到曝光的白方同时也会怨恨不已。因此，最好的策略是在游戏开始前就改玩其他刺激性的游戏，比如第一级的“挑逗”。

相关游戏

“那你为什么还这么做——我也不想的，但是”是“那你为什么不——听起来很不错，但是”的相反游戏，两者有很大的差别。尽管父母自我和儿童自我看似都在成人自我状态下理性交际，但父母自我永远是赢家，而即使儿童自我始终处于防御状态，最终也会在困惑中退败。此外，“那你为什么还这么做——我也不想的，但是”与“而且还有”也密切相关。

“那你为什么不——听起来很不错，但是”的反游戏的开始阶段与“乡下人”非常相似。白方会诱导心理医生给出一些建议，然后她会立刻采纳，而非拒绝。只有当心理医生意识到自己已经进一步卷入游戏之中时，才会明白白方是在用游戏对付自己。最终，看似“乡下人”的游戏变成了智力游戏“挑逗”。如果用经典的精神分析理论来说的话，这一过程是正移情向负移情的转换。

“那你为什么不——听起来很不错，但是”还有第二级游戏“替我做点什么”。比如，一位不愿意做家务的妻子会在丈夫下班回到家后玩这个游戏。无论丈夫怎么说，她不仅我行我素，而且闷闷不乐。在某些情况下，这种闷闷不乐很可能是严重的心理问题，需要接受仔细的精神鉴定。此外，游戏性也必须得到重视：为什么丈夫会选择这样一位伴侣？他又是如何让这个游戏一直玩下去的？

游戏分析

正游戏：“看看你能不能提出一个我无法拒绝的建议。”

目的：得到宽慰。

角色：*无助者*、建议者。

心理动力：认输与不认输的冲突（口唇期攻击）。

典例：

（1）“我也想写作业，但现在不行，因为……”。

（2）无助的妻子。

社交层面的沟通范式：

成人自我—成人自我。

成人自我：“如果……你会怎么做？”

成人自我:“那你为什么不……”

成人自我:“听起来很不错,但是……”

心理层面的沟通范式:

父母自我—儿童自我。

父母自我:“我能让你感激我对你的帮助。”

儿童自我:“尽管放马来试试。”

举动:

(1)提问——建议。

(2)拒绝——建议。

(3)拒绝——不安。

益处:

(1)内在心理益处:得到宽慰。

(2)外在心理益处:避免认输。

(3)内在社交益处:“那你为什么不——听起来很不错,但是”(父母自我的角色)。

(4)外在社交益处:“那你为什么不——听起来很不错,但是”(儿童自我的角色)。

(5)生理性益处:理性探讨。

(6)存在性益处:“每个人都想支配我。”

参考资料

[1] von Chamisso, Adelbert, *Peter Schlemiel*, Calder,1957.

[2] 保罗·德·库克,19世纪的剧作家和小说家,代表作为《好脾气的家伙》(*A Good-Natured Fellow*),讲的是一个人就因为自己的脾气好,白白放弃了很多机会。

第九章　性游戏

在本章中，有一些性游戏的目的是利用或抵抗性冲动，而这些性冲动皆为性本能的倒错，即性的满足感从性行为转变为构成游戏回报的关键沟通。这类游戏通常是私下进行的，有关它们的临床信息只能通过他人的转述间接获取，但提供消息的人往往带有主观偏见，因此这一游戏很难得到令人信服的证据。例如，同性恋的精神病学概念遭到了严重的歪曲，因为那些更积极、更成功的“玩家”通常不会寻求精神治疗，而精神病学家能够接触到的大多数是游戏中更加被动的一方。

性游戏包括“你去和他斗吧”“性倒错”“挑逗”“丝袜”“争吵”。大多数情况下，游戏的发起者都是女性；而在激烈的性游戏中，男性一旦发起游戏，他很有可能处于犯罪的边缘(因此由男性主导的性游戏将纳入“地下游戏”中)。另一方面，性游戏和婚姻游戏有重叠的部分，但本章中的游戏对未婚人士和已婚人士都很适用。

一、你去和他斗吧

正游戏

“你去和他斗吧”既可能是一个游戏，也可能是一种策略，还有可能是一种仪式。无论是哪一种形式，这一游戏本质上是女性化的。由于其戏剧性的特性，“你去和他斗吧”是世界上许多文学作品的创作基础(无论这些作品的质量如何)。

1.策略型的“你去和他斗吧”是浪漫的。一位女士会让两位男士为她展开一场竞争，并且暗示胜出者将会赢得她的芳心。竞赛结束后，她兑现了自己的承诺。如果她和她的伴侣从此幸福地生活在一起，那么“你去和他斗吧”就是一种坦诚的沟通。

2.仪式型的“你去和他斗吧”往往是一场悲剧。即使那位女士心中早有自己的选择，即使她不希望两位男士为自己展开一场竞争，但习俗会要求两位男士必须决出输赢。如果最终她不爱的男人取得了胜利，那么她也必须接受他。在这种情况下，创造这一游戏的并非这位女士本人，而是她所处的社会。如果最终她爱的男人取得了胜利，那么沟通便是坦诚的。如果她很不情愿或者很失望，那么她很有可能会在之后玩诸如“让我们来耍个花招吧”的新游戏。

3.游戏型的“你去和他斗吧”往往是一场喜剧。在一位女士让两位男士展开竞争之后，她和第三位男士远走高飞了。这对伴侣内在和外在的心理益处来自“只有傻瓜才会公平竞争”这一心理立场。

而他们所亲历的喜剧故事便构成了内在和外在社交益处的基础。

二、性倒错

正游戏

异性恋性倒错有很多种形式,包括恋物癖、施虐狂和受虐狂等,它们都是儿童自我状态混乱后的症状,因此需要得到对应的治疗。不过,就沟通层面而言,游戏分析能够应对这些性倒错在真实的性场景中的表现。这样一来,即使扭曲的性冲动保持不变,但就其实际的放纵而言,这些冲动被大大地中和了,从而维系了社会的稳定。

存在轻度施虐倾向或受虐倾向的人往往会采取一种原始的心理健康立场。这些人觉得自己性欲很旺盛,长时间的禁欲会导致他们做出后果严重的事。以上这些结论并不一定完全正确,但它们构成了"木头腿"的游戏诉求:"像我这样性欲旺盛的人,你还能对我期望什么呢?"

反游戏

"性倒错"的反游戏是对所有的人(包括自己)都更加友善。换句话说,避免在口头上和身体上对自己和他人"鞭笞",并且采取更加传统的性交方式。如果玩家真的是一位性倒错者,第二个游戏元素常常会在他的梦境中暴露出来,即他对性交本身毫无兴趣,反倒是羞辱性的前戏更能令他获得真正的满足。他本人很有可能都不愿意承认这一点。但通过游戏分析,他会明白自己的抱怨是:“在做了这么多的前戏之后,我还是得做爱!”在明白了这一点后,他的许多辩解和推诿就都不攻自破了,此时的他才更适合接受特定的心理疗法。这一方法适用于临床常见的“性欲变态人格者”,而非恶性精神分裂症患者、犯罪型性倒错者,以及那些只在幻想中进行性活动的人。

“同性恋”在许多国家已经成为一种亚文化和一种仪式;而当同性恋成为一种心理游戏后,由此引发出了诸多弊端,比如出现了“警察抓小偷”“为什么这种事总是发生在我身上”“这是我们生活的社会”“啊,好男人都……”等游戏。如果社会能够管控这些挑衅性游戏,就能弱化它们的危害。对这一游戏的分析可以让玩家培养良好的生活方式,从耗费生命的“这还不糟吗”的游戏中摆脱出来,从而更自由地享受社会提供给他的各种福利。

三、挑逗

正游戏

“挑逗”是男人和女人之间的游戏。“挑逗”有多种等级的游戏形式,其轻度形式可被委婉地称为“婉拒”或“愤慨”。

1.第一级的“挑逗”(或“婉拒”)在社交聚会上较为常见。究其本质,它属于一种轻度的调情。白方向一位男士暗示自己是单身,并且很享受那个男人的追求。然而,等到男人正式表白的时候,白方立马结束了游戏。如果白方是一个彬彬有礼之人,那么她会在寻觅下一个游戏对象前,和那位男士坦率地说:“谢谢你对我的赞美,非常感谢。”如果她不讲情面,很有可能直接一走了之。有技巧的玩家可以长时间在大型社交聚会上频繁挑逗不同的人,被挑逗的男士们也不得不使出浑身解数,才能不露痕迹地紧跟她。

2.在第二级的“挑逗”(或“愤慨”)中,白方只能从黑方的追求中获得次级满足,而她的主要满足来自最终对黑方的拒绝,所以这个游戏也被通俗地称为“走开,坏家伙!”与第一级的轻度调情相比,白方不仅在第二级游戏中诱导黑方付出了更深的感情,而且还以黑方的挫败和狼狈为乐。当然,黑方其实并不像看上去那么无助,他很有可能费了很大的气力才能成为游戏的一员。而且,黑方往往会玩“招惹我吧”的某种变体游戏。

3.第三级的“挑逗”是一个恶性游戏,常常会以谋杀、自杀或诉至法庭告终。白方会诱导黑方进行不宜公开的身体接触,然后对外声称黑方对自己实施了强奸行为,或者对她造成了不可弥补的伤害。在最极端的情况下,白方甚至可能会允许黑方完成性行为,这样她就能在对峙他之前获得指控的快感。这种正面对峙可能会立即发生(比如对强奸行为的法律控诉),也有可能长时间延迟(比如在长时间不正当的男女关系后决定自杀或谋杀)。如果白方选择诉诸法律方式对黑方发动攻击,那么她能轻而易举地找到一群唯利是图的人或者同样病态的盟友,比如媒体、警察、法律顾问和亲戚等。然而,这些局外人士有时可能会冷嘲热讽地攻击她,使她陷于被动,沦为他们进行游戏的一个工具。

在某些情况下,这些局外人士会发挥不同的作用。他们会为了玩“你去和他斗吧”的游戏,强迫白方继续她的游戏。在陷入这种进退维谷的境地后,白方为了保全面子和名誉,不得不哭诉自己被强奸了。这种情况特别容易发生在未成年的女孩身上;她们可能很愿意继续维系这段违法的关系,但是当局外人士发现这一问题后,女孩们被迫把这段浪漫的关系升级为第三级“挑逗”。

在著名的故事中,约瑟(Joseph)(雅各的第十一子)谨慎地拒绝了波提乏(Potiphar)(埃及法老之护卫长)之妻的挑逗游戏,而波提乏的妻子恼羞成怒,玩起了经典的“你去和他斗吧”的游戏,向丈夫诬告约瑟企图强奸自己。这个故事清清楚楚地说明了一位顽固的玩家在面对反游戏时会做出怎样偏激的回应,以及那些不愿意玩游戏的善良之人又会面临怎样的风险。众所周知的“美人计”便是“挑逗”和“你去和他斗吧”两个游戏的结合。在“美人计”的游戏中,白方会在勾引黑方后,控诉强奸行为。这时,白方的丈夫接管全局,对黑方百般折磨,借此讹诈一笔巨款。

在第三级的“挑逗”中,最极端和最严重的情况莫过于两位陌生的同性之间的挑逗。他们甚至可以在短短一个小时之内将游戏升级到谋杀的程度。由这一游戏的变体引发的罪行和丑闻占据了爆炸性新闻的半壁江山。

“挑逗”与“冷淡的女人”的童年原型一致，即小女孩先诱导小男孩弄脏自己，然后再嘲笑他。这经典的一幕在毛姆（Maugham）的《人性的枷锁》（*Of Human Bondage*）与之前提到的狄更斯的《远大前程》中都有所涉及。不过，这一原型属于第二级的“挑逗”游戏。更加偏激的第三级游戏形式往往会在环境恶劣的社区中进行。

反游戏

被挑逗的人是否有能力区分真情与游戏，决定了他能否避免卷入这个游戏，或者掌握游戏的主动权。如果他既拥有辨别能力，还能掌握社会控制的一些手段，那么他就可以从“婉拒”的轻度调情中获得极大的乐趣。另一方面，针对波提乏之妻的游戏策略，我们很难找到与之抗衡的安全对策。也许，最好的方法就是在游戏开始前就赶紧撤退，并且绝不留下任何追踪线索。1938年，我曾经在阿勒波（叙利亚的一个城市）偶遇了一位在现实生活中的“约瑟”：32年前，这位老人在一次对耶勒德兹皇宫的商务访问中被一位苏丹皇妃的挑逗游戏逼入绝境。最后，他不得不离开他的店铺，收拾家当，从此一去不返。

相关游戏

“挑逗”的男版游戏通常会在商务场合出现。比如,利用“潜规则”游戏对女性行骗,利用“抱团”游戏出卖伙伴等。

游戏分析

鉴于第三级“挑逗”更具戏剧性,本环节仅针对第三级“挑逗”作出分析。

目的:恶意报复。

角色:*引诱者*、色狼。

心理动力(第三级游戏):阴茎嫉妒情结、口唇期攻击。“婉拒”源自性蕾期心理动力,“愤慨”源自肛门期强烈的心理动力。

典例:

(1)“我要告发你,你这个脏东西”。

(2)受委屈的女人。

社交层面的沟通范式:

成人自我—成人自我。

成人自我(男性):“对不起,我对你做了非分的事情。”

成人自我(女性):“你已经侵犯了我,你必须遭到法律的严惩。”

心理层面的沟通范式：

儿童自我—儿童自我。

儿童自我(男性):“没有人能够抗拒我的魅力。”

儿童自我(女性):“可算是逮着你了。”

举动：

(1)女性:引诱;男性:回应。

(2)女性:屈服;男性:获胜。

(3)女性:对峙;男性:崩溃。

益处：

(1)内在心理益处:表达憎恨,投射愧疚。

(2)外在心理益处:避免情绪化的性亲密。

(3)内在社交益处:“可算是逮着你了”。

(4)外在社交益处:“这还不糟吗?”“法庭”“你去和他斗吧”。

(5)生理性益处:性交、双方交战。

(6)存在性益处:“我是无可责备的”。

四、丝袜

正游戏

“丝袜”与“挑逗”属于同一个游戏种类。其中,“丝袜”游戏最明显的特征是具有歇斯底里性质的裸露癖。白方走进陌生的人群中后，抬起腿，挑逗般地露出大腿，惊讶地说道："哦，天哪，我的丝袜抽丝了。"这位女士之所以这么做，是为了唤起男人们的性欲，激起其他女士的愤怒。当然，针对任何对自己的抨击，白方都会故作无辜地辩解和回击。这一幕与经典的"挑逗"十分相似。但我们需要注意到一个显著的区别，那就是白方在做出这一行为之前对后续反应往往毫无应对的准备。她很少等着弄清自己在和什么样的人打交道，也不知道该如何把握行动的时机。因此，这个游戏注定是不合时宜的，会不断恶化她与同事之间的关系。尽管有一些肤浅的"世故圆滑"，她还是无法理解自己的生活正在发生什么，因为她对人性的判断太过于愤世嫉俗。她的游戏目的是证明每个男人都是好色之徒。她的成人自我被儿童自我与父母自我(通常是淫荡好色的母亲)所欺骗，进而忽视了自身的撩人行为和他人友善的一面。最终，这一游戏往往会导致自我毁灭的行为。

"丝袜"游戏很有可能是性蕾期变体，其内容取决于潜在的精神错乱。病情更加严重的和乳房发育良好的女性可能会玩这一游戏的口唇期变体；她们常常在就座后，将双手放在脑后，胸部向前凸起。这样一来，其他的人可能会注意到她们胸部的大小或病状(比如隆胸手术或肿瘤问题)。在这一游戏的肛门期变体中，女性会摆出扭曲的姿态，从而向他人发出性邀请。其中，一些丧夫的妇女便以这种更具有象征意味的形式不经意地"暴露"自己的寡妇身份。

反游戏

除了毫无应对的准备之外,"丝袜"游戏的女性玩家还无法容忍他人的反对。例如,当她们的游戏遭到经验丰富的治疗团体的忽略或反对,她们可能就此退出团体。反游戏与报复必须要小心区分,因为后者意味着白方取得了胜利。女性比男性更擅长对抗"丝袜"游戏,而男性确实没有多少动机去打破这个游戏。因此,负责反游戏的最佳人选是在场的其他女士。

五、争吵

正游戏

"争吵"的经典角色是专横的父亲和正值青春期的女儿,同时还有一位性压抑的母亲。父亲每天下班回到家的第一件事就是责备女儿,而女儿每次都会无礼地还嘴。有的时候,女儿会率先顶撞父亲,这样父亲就会揪着这个错误开始游戏。他们的音量会越来越大,冲突也会变得越来越尖锐。游戏的结果取决于谁先掌握游戏的主动权。有三种可能性:①父亲回到卧室,砰的一声关上门;②女儿回到卧室,砰的一声关上门;③父女两人都回到各自的卧室,砰的一声关上门。无论在任何一种情况下,"争吵"的结局都会伴随着一声摔门的巨响。实际上,这个游戏为一些家庭中父亲和青春期的女儿就性的问题提供了一个痛苦但却有效的解决方案。通常情况下,父女两人只有在生对方的气时，才能住在同一个屋檐下；而砰地关上的门对两个人来说都强调了一个事实，那就是他们有各自独立的卧室。

在矛盾更加激烈的家庭里，这个游戏往往以一种险恶和令人反感的形式进行：在女儿外出约会时，父亲会在家里一直等待她回来，然后全身上下检查女儿的衣服，以确保她没有发生性行为。只要这位父亲发现了最轻微的可疑之处，最激烈的争吵便会一触即发，最终以女儿半夜被赶出家门收场。从长远来看，这样的结局迟早在某一天的晚上发生。如果父亲的怀疑得到了“验证”，他就会向母亲说明情况，而母亲则会袖手旁观，眼睁睁地看着这一切发生。

然而，一般来说，任何两个试图避免性接触的人都有可能玩“争吵”的游戏。例如，“冷漠的女人”的最后阶段总免不了一次“争吵”。青春期的男孩很少与女性亲属发生“争吵”，因为他们比其他家庭成员更容易在晚上从家逃走。在孩子很小的时候，兄弟姐妹们不仅可以通过肢体冲突建立起有效的界限，而且可以从中获得部分的满足。这种模式在不同的年龄有不同的动机。在美国，电视台、教育学和儿科专家已经认可打闹是“争吵”的一种半仪式化的形式了。但英国的上流社会则认为争吵是一种无礼的行为，相应的能量应该发泄在规范良好的运动项目中（即运动场上的“争吵”游戏）。

反游戏

站在父亲的角度，他本人并没有那么厌恶“争吵”的游戏。女儿通常会通过早婚、不成熟地立下婚约或者被迫立下婚约来反对“争吵”的游戏。如果可能，母亲可以通过放弃她相对或绝对的性冷淡，从而开始“争吵”的反游戏。如果父亲有了婚外情，“争吵”的游戏也会逐渐平息下来；但与此同时，一些更加复杂的新问题会出现。对于已婚夫妇而言，“争吵”的反游戏与反对“冷淡的女人”“冷淡的男人”的游戏一致。

此外，在条件合适的情况下，“争吵”会很自然地发展为“法庭”的游戏。

第十章　地下游戏

随着越来越多“助人为乐”的专业人士出现在法庭、假释部门、教养所，以及犯罪学家和执法人员的日益老练，有关人士应该意识到地下世界（无论是监狱里还是监狱外）普遍存在着一些游戏，其中包括“警察抓小偷”“你会怎么出去”“让我们来耍个花招吧”。

一、警察抓小偷

正游戏

许多罪犯都痛恨警察，他们似乎能在与警察斗智斗勇的过程中获得了极大的满足感，甚至比犯罪行为本身的快感还要多。在成人自我状态下，他们玩“警察抓小偷”的游戏是为了获取物质回报；但在儿童自我状态下，他们则是为了获取被警察追捕的兴奋感：逃亡的亢奋与全身而退的得意。

说来也奇怪，“警察抓小偷”的童年原型并非儿童们常爱玩的“警察抓小偷”，而是“捉迷藏”，其游戏性是被人发现时的懊恼。特别对于年幼的孩子来说，如果他们的父亲总能轻易地找到他们的藏身之地，那么他们不仅会感到非常懊恼，而且会迅速丧失对捉迷藏的兴趣。但如果父亲是一个游戏高手，他就会知道应该如何玩好这个游戏：先按兵不动，假装找不到孩子，等待孩子主动露出一些破绽（比如发出声音、扔东西或者敲东西）。最终，孩子总会让自己的父亲找到自己，并且同样会在被捉到后懊悔不已。但是，这一次游戏增加了更多的悬念，所以孩子也就享受了更多的乐趣。如果父亲在中途放弃了寻找，孩子通常会感到沮丧，而不是胜利的喜悦。既然捉迷藏的乐趣来自藏匿的成功，那么为什么孩子又会感到沮丧呢？显而易见的是，孩子的沮丧来自自己没有被父亲找到。轮到父亲去藏，孩子去捉的时候，聪明的父亲知道孩子想要从捉迷藏中获得快乐，所以自己应该表现得比孩子"笨"一些。而且，聪明的父亲还知道在被捉住的时候，自己应该同样表现出懊悔。很快我们就会明白，被人捉到才是捉迷藏必要的游戏回报。

由此可见，捉迷藏不是一种消遣，而是一种真正的游戏。在社交层面，这是一场智力之战。当每个玩家的成人自我都尽其所能时，才能产生最令人满意的游戏结果。然而，在心理层面，这个游戏就像一场强制性的赌博，玩家的成人自我必须输，儿童自我才能赢。因此，捉迷藏的反游戏便是不被捉住。在年龄较大的孩子中，如果一个孩子藏在了一个很难被人发现的位置，那么其他的孩子会认为他是一个破坏了游戏乐趣的玩伴。这样的孩子在游戏中基本上不处于儿童自我状态；相反，他们完全以成人自我状态的程序来玩捉迷藏。换句话说，他们不再为了好玩而玩游戏了。实际上，赌场的老板和职业罪犯也是这样的人，他们真正想要的是金钱，而不是游戏的乐趣。

有两种不同类型的惯犯：一种主要是为了金钱而犯罪，另一种主要是为了游戏而犯罪。大部分的人介于两者之间，他们的目的摇摆不一。那些通过犯罪活动发横财的“强迫性赢家”的儿童自我真的不想被抓住；从犯罪记录来看，他们也的确很少被抓住。这是因为他们往往不会直接参与犯罪活动，而是躲在暗处操控大局。另一方面，那些“强迫性输家”常常玩“警察抓小偷”的游戏，但他们很少发横财。当然，如果他们的运气不错，也许会收到一份意外的横财，但是绝对与他们的犯罪技巧无关。从长远来看，即使是那些一时幸运的罪犯，也幸运不了一世；最终，他们还是会圆了儿童自我的心愿——锒铛入狱（而非逍遥法外）。

在本章中讨论的“警察抓小偷”的玩家在一些方面与“酒鬼”的玩家相似。比如，玩家可以在“小偷”和“警察”两个角色之间切换。在某些情况下，玩家可能会在白天扮演父母自我状态的“警察”，在黑夜里扮演儿童自我状态的“小偷”。因此，在众多“小偷”中可能会有一位警察，而在众多“警察”中也可能有一个小偷。如果罪犯可以“改过自新”，那他可能会扮演“救助者”的角色，进而成为一位社会福利工作者或传教士。然而，与“酒鬼”中的救助者相比，“警察抓小偷”的救助者远远没有那么重要。一般而言，玩家一旦选择成为“小偷”，“小偷”也就成了他的命运，而每一个“小偷”都有一套被捕的独特伎俩。

赌徒的情况也与之相似。从社交和社会学层面看，职业赌徒指的是一个在生活中最大的兴趣爱好是赌博的人。但就心理层面来说，有两种不同的职业赌徒：第一种赌徒会花大把的时间与自己的命运赌博。在这种情况下，成人自我对赢的渴望只会被儿童自我对输的渴望所超越；第二种赌徒是那些经营赌场的人，他们确实是靠为赌徒们提供赌博场所来谋生的，而且他们往往都过着丰衣足食的生活。他们自己一般不会参与赌博，也会尽量避免赌博。不过，在某些情况下，他们也会像一个偶尔玩"警察抓小偷"的罪犯一样，放纵自己，享受赌博的乐趣。

这就解释了为什么对罪犯的社会学和心理学研究通常都是模棱两可和毫无成效的，即研究人员无法借助普通的理论和经验完全区分这两类不同的罪犯。研究赌徒也是如此。沟通分析和游戏分析为这种困境提供了一个及时的解决方案：通过在沟通层面区分"玩家"和"职业人士"，消除了两者之间的含混不清之处。

现在，我们不妨从游戏的概述转向具体的实例。有些盗贼行动起来丝毫不拖泥带水，但"警察抓小偷"中的盗贼会做出一些不必要的破坏，有时会留下自己的名片，甚至会在贵重的大衣上故意留下自己的分泌物和排泄物。根据犯罪记录，我们可以看到银行抢劫犯往往会采取一切能够避免使用暴力的预防措施，而"警察抓小偷"中的银行抢劫犯只是想找个借口，发泄他的怒气；真正的罪犯就像专业人士一样，希望自己最好不要在作案现场留下任何蛛丝马迹；而

“警察抓小偷”中的罪犯只是通过犯罪发泄自己的情绪;真正的专业人士只会在准备就绪后才开始行动,而“警察抓小偷”的玩家却情愿赤手空拳地对抗法律。此外,真正的专业人士会通过自己的方式轻易地察觉出“警察抓小偷”的游戏。如果一个黑帮成员对游戏的浓厚兴趣会危及整个帮会,那么当他表现出想要被警察逮捕的心愿时,黑帮头目一定会提前对他严加惩戒。也许,正是因为真正专业的罪犯很少玩“警察抓小偷”,所以他们很少被抓获,也就很少有对他们的社会学、心理学和精神病学的研究资料了。这一情况同样也适用于赌徒。因此,我们关于罪犯和赌徒的临床知识大多是来自游戏玩家,而非真正的职业犯罪。

“警察抓小偷”最宽泛的例子莫过于盗窃癖患者(而非职业扒手)。也许,绝大部分西方人都幻想过“警察抓小偷”的游戏,所以相关的新闻报纸才在西方世界如此畅销。这种幻想经常以“完美谋杀”的形式出现——这也是“警察抓小偷”最为激烈的游戏形式,需要玩家完全智胜警察。

“审计员与小偷”是“警察抓小偷”的一个变体游戏,贪污犯会在游戏中以同样的规则获得同样的回报。走私犯则会玩变体游戏“海关和强盗”。“法庭”的犯罪变体游戏是很特别的:尽管玩家是一个专业罪犯,他也采取了所有的预防措施,但偶尔也会被捕,并接受审判。对玩家来说,“法庭”是一个程序,因此他会遵从法律顾问的指示进行游戏。对于律师来说,如果他们是“强迫性赢家”,那么“法庭”本质上就是和陪审团玩的游戏，其目标是取得胜利，大部分的社会人士都认为这是一个有益的游戏。

反游戏

实际上，需要深入思考“警察抓小偷”反游戏的人应该是犯罪学家，而非精神病学家。警察局和司法机构并不是对立的：两者都是在社会设定的规则下，在游戏中发挥着各自的作用。

然而，有一点需要特别说明：一些犯罪学研究人员可能会开玩笑地表示，一些罪犯表现得就好像他们不仅喜欢被追捕，而且期望被抓住似的。还有一些犯罪学研究人员可能会对这一观点表示认同。但他们很少严肃地将其视为一个决定性的学术问题进行深入探讨。首先，心理学研究的标准方法是无法揭示这一问题的。其次，研究者要么会因为无法使用标准的研究方法而忽视一个关键点，要么就会尝试其他的研究方法。事实是，到目前为止，这些研究方法都还没有为任何一个犯罪学问题提供解答。因此，研究人员最好摒弃过时的方法，用全新的方法来应对研究的困境。只有当研究人员不再将“警察抓小偷”仅仅看作一种有趣的社会反常现象，而将其视为大部分犯罪案件的显著问题，他们才能从那些琐碎的、教条的、无关紧要的问题研究中摆脱出来。[1]

游戏分析

正游戏:“看看你能不能抓到我。”

目的:求得安心。

角色:小偷、警察(法官)。

心理动力:阴茎侵入。

典例:

(1)捉迷藏。

(2)犯罪。

社交层面的沟通范式:

父母自我—儿童自我。

儿童自我:“看看你能不能抓到我。”

父母自我:“这正是我要做的。”

心理层面的沟通范式:

父母自我—儿童自我。

儿童自我:“你必须抓到我。”

父母自我:“啊哈,抓到你了。”

举动:

(1)白方:挑战——黑方:愤慨;

(2)白方:藏匿——黑方:挫败;

(3)白方:挑衅——黑方:取胜。

益处：

(1)内在心理益处:以物质补偿过去犯下的错误。

(2)外在心理益处:对抗恐惧心理。

(3)内在社交益处:看看你能不能抓到我。

(4)外在社交益处:我差点就逃脱了(消遣:他们差点就逃脱了)。

(5)生理性益处:臭名昭著。

(6)存在性益处:我永远一事无成。

二、你会怎么出去

正游戏

根据监狱的历史记录,那些利用活动、消遣、游戏来规划时间的囚犯会生活得更好。狱警显然对这一点心知肚明,据说他们仅仅限制囚犯的活动,剥夺社交时间,就能把囚犯们一一击垮。

单独监禁的囚犯最喜欢的活动是读书和写作,最喜欢的消遣话题是“越狱”。诸如卡萨诺瓦(Casanova)、特伦克男爵(Baron Trenck)都因为越狱而名噪一时。

“你会怎么出去”(可简称为“想出去”)是囚犯们最喜爱的游戏,有些精神病院的病人们也很喜欢这个游戏。我们需要区分“想出去”与同名“操作”(即“表现良好”)的区别。一个真正想要重获自由的囚犯会为了减刑,严格遵守监狱的规定。如今,在团体治疗里的

"精神病学"游戏中表现良好同样可以提前出院。"想出去"的游戏是由囚犯或病人玩的,但他们的儿童自我其实并不想出去。他们在表面上"表现良好",但一到关键时刻就会自暴自弃,从而继续困在原地。因此,在"表现良好"的游戏中,只有当父母自我、成人自我和儿童自我共同努力的情况下,囚犯和病人才能重获自由。在"想出去"的游戏中,父母自我和成人自我在关键时刻之前都会严格遵守规定;等到关键时刻来临的时候,儿童自我因为害怕重新回到那个变化多端的现实世界,夺走了父母自我和成人自我的主导权,从而将之前的良好表现付之一炬。在20世纪30年代末,"想出去"在那些患有精神病的德国新移民中非常常见:他们在住院后病情会逐渐好转,随后他们会申请出院;但随着出院日的临近,他们的精神病却又会反复发作。

反游戏

保持警惕的管理人员不仅可以快速辨别"表现良好"与"想出去",而且能利用规则进行应对。然而,刚刚加入团体治疗中的新人经常会玩这两个游戏,而专业的团体治疗师了解这两个游戏是精神病院里最常见的操作,因此会密切关注游戏玩家,并且会在治疗的早期阶段就将他们一一识别出来。既然"表现良好"是一种诚实的操作,那么它就可以被当作诚实的行为对待,公开讨论它也没有什么害处。另一方面,如果想要让惊恐的囚犯改过自新,就需要针对"想出去"的游戏开展积极的治疗。

相关游戏

"想出去"的一个相关游戏是"你必须听我的"。在这一游戏中，医院的病人或社会福利机构的客户会行使投诉的权利，但他们投诉的内容往往是无关紧要的。他们这么做的理由仅仅是确保自己的意见会被管理层听到。如果管理人员错以为他们是想让投诉要求得到满足和执行，并且因为他们的要求太多而剥夺投诉渠道时，大麻烦就会出现。但如果管理人员一一满足他们的要求，他们的要求只会越来越多。如果管理人员只是耐心地听他们投诉，并假装表现出兴趣，"你必须听我的"游戏玩家不仅会感到心满意足，而且会更加配合管理人员的工作，之后也不会再提出更多的要求了。因此。管理人员需要学会区分"你必须听我的"与严肃的要求补偿。[2]

"不实指控"是"想出去"的另一个相关游戏。一个真正的罪犯可能会为了逃避裁决而"喊冤"。这种情况是法律程序的一部分。然而，把"不实指控"当作游戏玩的囚犯并没有有效地利用它来逃避刑罚，因为他们想的是如果他们借此游戏逃脱，就再也没有玩这个游戏的机会了。

三、让我们来耍个花招吧

正游戏

“让我们来耍个花招吧”的游戏原型是“大商店”(即一种团伙作案的大型诈骗活动),而在小型诈骗活动中,甚至“美人计”也属于这个游戏。这一游戏并不存在输家(除非有一方心怀盗窃之意),因为游戏的第一步就是黑方邀请白方一起去骗一个又笨又老实的人。如果白方是一个好人,他要么选择不加入黑方,要么去提醒那位被黑方盯上的目标人选。然而,白方选择入伙。就在快要骗到那个又笨又老实的人的时候,却发生了意外。结果,白方两手空空,什么好处也没有捞到。如果在“美人计”中,事情就会是白方正准备给黑方戴绿帽子的时候,黑方恰巧回了家。在这种情况下,白方本以为自己正按着计划顺利行事,结果却要服从于黑方的游戏规则,受他摆布。这是一个两败俱伤的结局。

有趣的是,游戏中的骗子们往往认为自己的受骗对象应该知道“让我们来耍个花招吧”的游戏规则,而且默认他会遵守自己的游戏规则。此外,他们已经考虑到被告发的风险了。但只要他们成功得手,就不会再找受骗对象的麻烦。他们甚至还会允许受骗对象为了保住自己的颜面而对警察撒一些小谎。但是,如果受骗对象没有掌握好撒谎的分寸(比如指责他们入室盗窃),那么骗子就会怀恨在心。

另一方面,如果一个骗子在骗一个醉酒的人的过程中陷入了麻烦,那他一点儿也不值得同情。毕竟,他早就应该想到这是一个不恰当的程序。如果一个骗子愚蠢地选了一位幽默的人下手,那同样不值得同情。我们都知道,这样的人无法在“让我们来耍个花招吧”中扮演对应的角色,更不用说玩“警察抓小偷”的游戏了。此外,有经验的骗子还很害怕遇到被骗后还会笑的人。

需要注意的是,恶作剧并不属于“让我们来耍个花招吧”的游戏。这是因为在恶作剧中,被捉弄的人吃到了苦头;而在“让我们来耍个花招吧”中,被捉弄的人才是赢家,骗子反而吃了苦头。而且,恶作剧是一种消遣,而“让我们来耍个花招吧”是一个事与愿违的游戏。

显而易见,“让我们来耍个花招吧”是一个三人或四人的游戏,其中警察会作为第四个角色出现。此外,“你去和他斗吧”也与该游戏有一定的联系。

说明

在这里,特别感谢富兰克林·厄恩斯特博士(加利福尼亚医疗中心)、威廉·柯林斯(William Collins)先生(加利福尼亚康复中心)、劳伦斯·米恩斯(Laurence Means)先生(加利福尼亚男性研究中心)对研究“警察抓小偷”游戏的持续兴趣,以及他们有益的探讨和评论。

参考资料：

[1] Frederick Wiseman, in "Psychiatry and the Law: Use and Abuse of Psychiatry in a Murder Case"(*American Journal of Psychiatry*. 118: 289–299, 1961)这篇论文清楚地记录了一个悲剧性的"警察抓小偷"的案例：一名23岁的男子枪杀了自己的未婚妻，最后投案自首。直到他将作案过程重复了四遍后，警察最终才相信了他。后来，他透露道："在我看来，我这辈子注定要坐上电椅的。事情就是这样，也应该是这样。"作者在文中表示陪审团是永远无法理解审讯记录上复杂的精神病学证词的。用游戏术语来说的话，中心问题甚至可以用一句话概括：一个九岁的男孩决定他要坐上电椅。他的余生都在朝着这个目标前进，并把他的女朋友作为实现目标的对象，最后他得偿所愿。

[2] 如果你对"警察抓小偷"及更多的囚犯游戏感兴趣，可以参阅 Ernst, F. H., and Keating, W. C., "Psychiatric Treatment of the California Felon.", *American Journal of Psychiatry*. 120: 974–979, 1964。

第十一章　诊疗室游戏

对于专业的游戏分析师来说，在治疗的情况下患者仍然坚持在玩的游戏是最值得注意的。而且，分析师可以在第一时间直接研究这种诊疗室游戏。根据游戏发起人的身份，诊疗室游戏可以被分为以下三种：

1. 心理医生和社会工作者的游戏："我只是好心帮你"与"精神病学"；

2. 专业人士加入团体治疗后玩的游戏："温室"；

3. 由一般的病人和客户玩的游戏："贫穷""乡下人""愚蠢""木头腿"。

一、温室

正游戏

"温室"是"精神病学"的变体游戏。年轻的社会学家（尤其是临床心理学家）往往是这个游戏的顽固玩家。这些年轻人与同事们在一起时，通常会以一种诙谐的方式玩"精神分析"的游戏，比如他们会说"你正在暴露你的敌意""人的心理防御机制究竟是如何逃过意识的审查的”之类的表述。这通常是一种无害且愉快的消遣活动，也是他们在学习专业知识过程中的一个正常阶段。如果专业团体中创造一些有创意的表达,实际上是一个相当有趣的学习体验。(作者本人也曾说过类似的话:“全国口误周再次拉开序幕”。这里的“口误”是弗洛伊德式口误,即在无意中泄露自己真实的想法。)一些接受团体治疗的患者很容易陷入相互严厉评判的状态中。但这一情况对治疗无益,所以心理医生最好及时出面制止。这之后,患者们很有可能开始玩“温室”的游戏。

在作者看来,心理学专业的毕业生往往会过分夸大他们所谓的“真情实感”,甚至会在这种情感还未发生之前,就宣称它已经有发生的迹象。之后,他们就会对小组成员大加阐述这种情感,仿佛它是一朵稀有的花,值得所有人的敬畏。成员们都正襟危坐,仔细听讲,仿佛自己是植物园里的鉴赏家一样。用游戏分析的语言来说,其问题似乎在于这一情感是否配得上“全国情感展览会”的大场面。如果心理医生对此提出质疑,那么这一干预可能会引起强烈的反感,就好像一个笨手笨脚的人践踏了一株奇花异草的娇弱花瓣似的。但对于心理医生来说,为了理解稀有植物的内部构造和生理机能,就有解剖它的必要。

反游戏

“温室”的反游戏是讽刺上述情感阐述,这是治疗进展的关键一步。如果“温室”被允许进行下去，它可能会持续数年之久。在此期间，患者可能会觉得自己有了“治疗经验”，并且通过“表达敌意”学会了以一种比不幸的同事更有优势的方式去“面对感情”。然而，与此同时，患者的心理动力几乎不会发生任何重大的改变，而且投入治疗的时间并没有带来最大的治疗效果。

注意，讽刺的对象不是患者，而是他们的老师和鼓吹这种过分挑剔的文化氛围。如果时机恰当，一句质疑不仅会成功地让患者摆脱父母自我浮夸的影响，而且能让他们在沟通过程中不再那么自以为是。最终，他们会明白感情并不是在温室里培养出来的，从而让感情的果实自然生长，待到其成熟后再采摘。

“温室”最显著的益处来自外在心理，因为玩家通过设置特殊的条件限制其他参与者的情感表达，进而回避亲密感。

二、我只是好心帮你

正游戏

“我只是好心帮你”可以在任何职业领域下进行，并不局限于心理医生与社会福利工作者。不过，这一游戏在接受过职业培训的社会福利工作者中最为常见，其形式也最为丰富。本书作者曾在一场特别的扑克游戏中分析过“我只是好心帮你”。当时，除了一位心理学家和一名商人外，所有的玩家都选择了弃牌。那位商人手握一副好牌,信心满满地下了赌注。心理学家认为自己拿到的牌已经稳操胜券,于是选择跟进加注。商人见此情景,有些心虚了。这时,心理学家开玩笑地说道:“别慌,我只是好心帮你!”商人犹豫了一下,还是决定继续增加筹码。当心理学家亮出了赢下比赛的底牌时,商人气急败坏地把自己的牌丢到了牌桌上。其他的牌友看到这一幕都开怀大笑,只有那个失意的商人苦笑着说:“你可真是帮了我的大忙了!”心理学家会意地瞥了作者一眼,暗示了刚刚的玩笑实在有违精神病学的职业道德。就在那一刻,这个游戏的结构变得清晰起来。

无论是社会福利工作者还是心理医生,他们都会为患者提供一些建议。当一位患者向一位医生反馈建议没有达到预期效果的时候,医生只好无奈地耸耸肩,再想出一些新建议。如果他足够警觉,就能察觉到自己的挫败感,但无论如何,他往往都会再试一次。但在一般情况下,他会认为自己正在遵循着一套“正确”的程序行事,而且身边有许多受过类似专业训练的同事都在做同样的事情,再加上督导的全力支持,所以他很少会质疑自己的能力。

然而,如果他遇到的是一个态度强硬的患者(比如一个怀有敌意的强迫症患者),他就会越发认识到自己的能力不足。在最坏的情况下,一个愤怒的偏执狂患者会愤怒地冲进门诊室,冲他吼道:“看看你让我做了什么!”这时,医生的挫败感就会立刻涌上心头,甚至会说出那句心里话:“但我只是好心帮你啊!”患者忘恩负义的行径不仅让他困惑,更带给他极大的痛苦。这表明他的行为背后隐藏着复杂的动机,而这种困惑就是游戏的收益。

在这里,我们需要分辨真正的帮助者与“我只是好心帮你”的玩家之间的区别。“我想我们能做点什么”“我知道该怎么办”“我是被派来帮你的”“我帮你的报酬是……”都与“我只是好心帮你”完全不同。前四种代表着成人自我真诚地为痛苦的患者提供专业的帮助;而“我只是好心帮你”隐藏着一个比专业技能更突出的心理动机,而且这一动机能够决定相关的后果。实际上,这一动机基于一种心理立场——人们不仅忘恩负义,而且令人失望。如果帮助真的发挥了作用,那么心理立场反而会遭到动摇。因此,玩家的父母自我会恐惧自己的建议发挥作用,进而会蓄意使坏。玩家需要确信,无论他们多么努力地提供帮助,患者都不会接受。于是,患者在接下来就会通过“看看我有多努力”或“你帮不上什么忙”来回应玩家的帮助。更灵活的玩家可以选择妥协:“人们最终会接受我的帮助的,只不过需要很长的时间。”因此,心理医生往往会为快速的疗效而感到抱歉,因为他们知道很多同事会在员工大会上对此产生怀疑。有一些社会福利工作者与“我只是好心帮你”中的固执玩家截然相反,比如一些出色的律师在为客户辩护时完全不掺杂个人的情感。在这种情况下,决定工作结果的因素不再是潜在的努力,而是个人的专业技能。

一些社会福利工作的培训机构似乎培养出了一大批“我只是好心帮你”的职业玩家,他们一旦开始这个游戏,就会用毕生践行,就很难轻易收手。其互补性游戏“贫穷”是对这一点很好的例证。

在日常生活中，我们经常会看到“我只是好心帮你”的变体游戏。例如，亲戚朋友们常常会玩“我可以按批发价卖给你”。此外，帮助儿童的社工和家长也很喜欢玩这个游戏，而家长的孩子们喜欢玩其互补性游戏“看看你让我做了什么”。在社交场合中，“笨手笨脚”可以是“我只是好心帮你”的变体游戏，即在帮助他人的同时造成伤害（造成伤害的行为并非出于冲动）；而患者在这种情况下可能会扮演受害者，开始玩“为什么这种事总是发生在我身上”或其变体游戏。

反游戏

当“我只是好心帮你”的玩家发出游戏邀请时，有以下几种方法供专业人士选择。至于选择标准完全取决于心理医生与患者之间的关系状态，尤其取决于患者的儿童自我的态度。

1.经典的精神分析是“我只是好心帮你”最彻底的反游戏，也是患者最难以忍受的方法。当心理医生完全无视患者的游戏邀请时，患者反而会努力地不断尝试，最终患者会陷入绝望的状态，表现为愤怒或抑郁。这是游戏受阻的典型标志。在此反游戏的过程中，可能会产生有益的对抗。

2.在初次受到邀请时，心理医生可以尝试一种更温和（但不拘礼）的对抗。比如，他可以提前声明自己是患者的心理医生，而不是他的管理者。

3.比第二种更温和的做法是将患者引入一个团体治疗，让其他的患者负责应对游戏邀请。

4. 对于急性精神紊乱的患者，心理医生需要在开始阶段尽量配合患者。这一类型的患者应交由精神科医生治疗，因为精神科医生不仅有资格为他们开一些处方药，而且可以为他们安排一些保健措施。即使在频繁使用镇静剂的今天，这些措施对这些患者的治疗仍然极具价值。除了药物治疗，如果医生开出的处方中还包括洗浴、锻炼、作息时间、规律饮食，那么患者就会：①严格遵行治疗方案，在身体上和精神上都有所好转；②严格遵行治疗方案，但抱怨没有任何疗效；③病人漫不经心地提到，他觉得这套治疗方案没有作用，所以直接放弃了治疗。在第二种和第三种情况下，由精神病医生来判断患者是否愿意接受游戏分析，以及是否有其他的治疗形式为后续的心理治疗做准备。在决定下一步如何进行之前，精神病医生应该仔细评估治疗方案的妥善性与患者玩游戏的倾向之间的关系。

在另一方面，对于患者来说，“我只是好心帮你”的反游戏是“不要告诉我怎么做才能帮助我自己，我会告诉你怎么做才能帮助我”。如果心理医生在玩“笨手笨脚”的游戏，患者应该玩的反游戏是“不要帮我，去帮别人”。但“我只是好心帮你”的严肃玩家通常都缺乏幽默感，患者的反对举动通常会引起心理医生的反感，甚至可能会招致终生的敌意。在日常生活中，除非一个人决定不带感情地开展行动，并甘愿承担后果，否则就不应该贸然采取行动。例如，拒绝一位“我可以按批发价卖给你”的亲戚很有可能会引起严重的家庭纠纷。

游戏分析

正游戏:“从来没人按我说的做。”

目的:缓解愧疚。

角色:*帮助者*、客户(患者)。

心理动力:受虐。

典例:

(1)家长在孩子正在学习的过程中介入,强行提供帮助。

(2)社会福利工作者和客户。

社交层面的沟通范式:

父母自我—儿童自我。

儿童自我:“我现在该怎么办?”

父母自我:“你应该……”

心理层面的沟通范式:

父母自我—儿童自我。

父母自我:“看看我有多能干。”

儿童自我:“我会让你看到你的不足之处。”

举动:

(1)索求建议——提供建议。

(2)不遵从建议——斥责。

(3)证实建议有误——含蓄地道歉。

益处：

(1)内在心理益处：苦肉计。

(2)外在心理益处：避免看到自己的不足之处。

(3)内在社交益处：向外投射型家长会；忘恩负义。

(4)外在社交益处：向外投射型精神病学。

(5)生理性益处：被客户打击，再被督导安抚。

(6)存在性益处："每个人都忘恩负义。"

三、贫穷

正游戏

亨利·米勒(Henry Miller)在他的《玛洛西的大石像》(*The Colossus of Maroussi*)中很好地描述了"贫穷"这一游戏："这件事一定发生在我找工作的那一年，但我那会儿其实根本没有找工作的打算。我想起来了，尽管当年我是那么渴望一份工作，但我甚至懒得去翻开招聘广告的专栏。"

"贫穷"与"我只是好心帮你"相互补充。社会福利工作者以"我只是好心帮你"谋生，而救助对象们则以"贫穷"谋生。作者对"贫穷"的经历是有限的，但作者有一位优秀的学生对这一游戏的本质及其社会的定位有着深刻的见解。

黑方女士是一家福利机构的社工。这家机构声称是为了帮助贫困的人改善经济状况而成立的,因此获得了政府的补贴。换句话说,这家福利机构的宗旨是帮助贫穷的人获得有报酬的就业机会。然而,根据官方的总结报道,接受该机构的救助对象虽然在经济收入上不断取得进展,但大部分人仍然没有“改善经济状况”。这家福利机构表示,这个现象是可以理解的,因为大多数救助对象不只是一家福利机构的帮助对象,他们一连很多年辗转于多家福利机构,领取福利和救济,有时甚至会同时与五六个机构打交道。因此,这样的贫困人士无疑属于“困难户”。

在接受游戏分析培训后,黑方很快意识到,机构的同事们一直在玩“我只是好心帮你”的游戏。于是,她很想知道那些救助对象对此有何反应。为了调查清楚,她花了好几周时间采访自己负责的救助对象,询问他们实际上查找了多少工作机会。她惊奇地发现,虽然他们应该每天都在努力找工作,但实际上他们投入的精力却相当少;有时,他们所做的象征性的努力甚至颇具讽刺意味。例如,一位救助对象表示每天至少会回复一个招聘广告。黑方问道:“是什么样的工作?”他回答他想从事销售工作。黑方继续问道:“你只回复这一个工种的招聘广告吗?”他说是的,但要知道这位救助对象有严重的口吃,因此他基本上很难找到销售类的工作。就在这时,黑方的上司注意到她在问这些问题,并斥责她对救助对象施加了“过度的压力”。

尽管如此,黑方不仅没有放弃调查,而且努力帮助一些人找到工作。于是,她首先筛选了一批身体健全、似乎没有正当理由继续领取福利基金的救助对象。接着,黑方主动为他们讲解"我只是好心帮你"和"贫穷"的游戏。当他们愿意承认这一点时,她说,除非他们找到工作,否则她将断绝他们的福利基金,并将他们引荐给另一所完全不同的机构。后来,很多人几乎立即就找到了工作,而且其中的一些人还是这么多年来头一次找到工作。然而,他们对她的态度却变得异常愤怒,甚至写投诉信给黑方的主管。主管把黑方叫进了办公室,更加严厉地训斥了她,理由是尽管以前的救助对象已经找到了工作,但他们并没有真正"改善经济状况"。此外,主管还表示,机构已经开始商讨开除她的事宜了。

为了保住自己的工作,黑方站在机构的角度,向领导委婉地阐述了究竟何为"改善经济状况"。但领导对此不以为然,仍然在指责黑方对救助对象施加了"过度的压力"。尽管在黑方的帮助下,机构有史以来第一次让一些人可以养家糊口,但这一事实并不能成为她的功劳。

黑方当然不想下岗,但她现在不得不应对下岗的危机。她的一些朋友纷纷帮她出主意。一位受人尊敬的精神科诊所的负责人写信给黑方的主管,信中写了听说黑方小姐对救助对象做了一些特别有效的工作,并询问主管是否可以邀请黑方来他的诊所会议,分享她的经验。主管断然拒绝了这一提议。

在上述事件中,由福利机构制定的"贫困"的游戏规则与"我只

是好心帮你"相互补充。福利机构的员工与救助对象之间有一个心照不宣的"协议":

员工:"我会努力帮助你(前提是你不会变得更好)。"

救助对象:"我想要找工作(前提是不一定非要找到工作不可)。"

如果一个客户因为变得更好而违反了这份协议,福利机构就失去了一位救助对象,救助对象也就同时失去了福利,双方都觉得自己受到了惩罚。如果像黑方这样的员工带头违反协议,帮助救助对象找到工作,那么福利机构反而会受到过去的救助对象的投诉。这可能会引起上级的注意,而救助对象还是一样会失去福利。

只要双方都遵守这一潜规则,就都能得到他们想要的东西。救助对象得到了好处,并很快了解到机构想得到的回报:一个"伸出援助之手"的机会(作为"我只是好心帮你"的一部分),再加上一些"临床资料"(在"以救助对象为中心"的员工会议上展示)。救助对象很高兴满足这些要求,因为他能获得和福利机构的工作人员一样多的乐趣。因此,他们相处得十分融洽,谁也不想终止这种令人满意的关系。在他们的眼里,黑方的行为不是"伸出援助之手",而是"缩回援助之手";而且,他们还认为黑方的做法是"以救助对象为中心",而不是"以社区为中心"。总的来说,尽管黑方完全遵循了福利机构的成立初衷,但所有与之相关的人都为此感到不安。

这里需要注意两点:首先,“贫穷”是一种游戏,而不是一种由于身体、精神或经济方面的问题而导致的状况(只有一小部分的救助对象属于这种情况);其次,只有接受过“我只是好心帮你”培训的社工会支持这一游戏,其他的社工很难轻易认同这一游戏。

与“贫穷”相关的游戏有“退伍军人”和“门诊”。其中,“退伍军人”与“贫穷”存在着一种共生关系,不同的是参与游戏的是退伍军人管理局与一定数量享有合法特权的“职业老兵”。很多去大医院就诊的人常常会玩“门诊”游戏。与那些玩“贫穷”或“退伍军人”的人不同,玩“门诊”的患者不会得到任何经济报酬,但可以得到其他的好处。他们愿意配合医务人员的培训与疾病研究工作,进而在完成社会使命中发挥自己的作用。这样一来,他们便能够获得“贫穷”和“退伍军人”玩家在成人自我状态下所无法获得的满足感。

反游戏

“贫穷”的反游戏是断绝福利的供给。在反游戏的过程中,风险并不像在其他游戏中那样主要来自玩家本身,而是来自人们对这款游戏的文化共识,以及互补性的“我只是好心帮你”玩家的进一步巩固;威胁则来自同事、激愤的群众、政府机构和保障不同群体的工会。反抗“贫困”后,民众会怨声载道:“是的,是的,那又怎么样?”虽然这种抱怨有时并不坦诚,但仍然是一种有益健康的行动或消遣。

四、乡下人

正游戏

“乡下人”的角色原型是一个患有关节炎的保加利亚村民，她卖掉了自己唯一的一头奶牛，筹钱去索菲亚的大学诊所就医。大学教授为她做了体检，发现她的病例很特别，于是将她带到医学院的课堂上。教授不仅为学生们概述了她的病理、临床症状和诊断流程，还介绍了治疗方法。整个授课过程让她对教授充满敬畏之情。在她离开之前，教授开给她一张处方单，更加详细地和她解释了治疗的具体方法。她对教授的学识赞叹不已，用保加利亚语说道：“哎呀，教授，你可真厉害。”然而，她从来没有按处方单配药。第一，她的村子里并没有药剂师；第二，即使有，她也不会让如此珍贵的一张纸从她手中溜走。她也没有条件进行其他治疗的手段，比如按照规定饮食、接受水疗等。她就像过去那样，继续跛着脚生活。但她却很开心，因为她可以向每个村民炫耀那位伟大教授为她进行的神奇治疗。她甚至每天晚上都会在祈祷中表达她对教授的感恩之情。

多年以后，教授在去探望一个富有但却苛刻的病人的路上，碰巧经过了这个村庄。当那位农妇冲出来吻他的手时，他方才想起了这位乡下人，想起了很久以前为她制定的治疗方案。教授落落大方地接受了她的敬意。当她告诉他治疗效果有多好时，他特别高兴。

事实上,他太忘乎所以了,压根都没有注意到她一瘸一拐的样子和以前一样糟糕。

在社交情境中,“乡下人”有两种游戏形式:天真型与掩饰型;两者共享同一句“座右铭”——“哎呀,你可真厉害”。在天真型的游戏形式下,“你”是一位杰出的人才,比如一位著名的诗人、画家、慈善家、科学家等。天真的年轻女子们常常远道而来,希望能与他会面,这样她们就可以含情脉脉地拜倒在他的脚边。在她们的眼中,就连他的缺点都是一种不同的美。然而,在掩饰型的游戏形式下,一位更加成熟的女人如果有意与这样一位她真心欣赏的男人发生一段感情,那么她很有可能会充分意识到他的缺点,甚至会为了满足自己的需求而利用这个男人的缺点。这两类形式的“乡下人”的区别在于天真型的女性会美化男性的缺点,而掩饰型的女性会利用男性的缺点。此外,这里的“天真”还表示:天真的女性即使发现了一位男性的缺点,仍然可以真诚地尊重那位男性所取得的成就。

在掩饰型的游戏形式下,那位男性可能很出色,也可能很平庸;但无论如何,他遇到了一位无法以最理想的方式欣赏他的女人;而那位女士可能是一位正在玩“小老弟”游戏的高级妓女,仅仅是为了达到自己的目的,通过“哎呀,你可真厉害”来献殷勤。在内心深处,她不是被他迷住了,就是在故意嘲笑他。但是,她并不真的爱慕他,她想要的只是和他在一起时的额外好处。

在就医的例子中,“乡下人”也有两种相似的游戏形式,其口号是“哎呀，教授，你可真厉害”。在天真型的游戏形式中，患者只要相信“哎呀，教授，你可真厉害”，就能一直保持健康的心态。这就要求医生有义务无论在公共场合还是在私人生活中，都要举止得体。然而，在掩饰型的游戏形式下，患者不仅希望医生可以认同“哎呀，教授，你可真厉害”，而且还要更进一步认同“你有非凡的洞察力”。当患者将医生捧上神坛后，患者就会想尽办法让医生出丑，然后转投下一位医生。只有不会轻易上钩的医生才有能力治愈患者。

在“哎呀，教授，你可真厉害”游戏中，对于患者而言，最简单的取胜方法便是阻碍康复。怀有恶意的患者很有可能会采取更加积极的措施，导致医生陷入窘境。有一位女患者对一位医生玩起了“哎呀，教授，你可真厉害”后，病情一直没有得到缓解。于是，她向医生行礼道谢，然后离开了。接着，她又对一位尊敬的牧师玩起了“哎呀，教授，你可真厉害”。几周后，她引诱牧师玩二级“挑逗”游戏。然后，她隔着篱笆墙偷偷告诉邻居：“原来，像牧师这样的人好人也会经不住诱惑，要对我这样天真又没有魅力的女人调情。我真的太失望了。我知道他的妻子的为人，她一定会原谅自己的丈夫的。但是……”这个惊天的秘密是她在无意中泄露出来的；直到后来，她才“惊恐地”想到这位邻居是教堂里的一位长者。通过阻碍康复，她战胜了医生；通过勾引，她又战胜了牧师（尽管她自己是不愿承认这一点的）。之后，另一位心理医生把她介绍参加一个团体治疗。在小组里，她再也不能像以前那样玩“哎呀，教授，你可真厉害”

和“你有非凡的洞察力”的游戏了。于是,她只好更仔细地反省自己的行为。最终,在小组成员的帮助下,她放弃了“哎呀,教授,你可真厉害”和“挑逗”两个游戏。

反游戏

首先,心理医生必须判断患者的游戏是否为天真型。如果是的话,医生应该站在患者的立场,允许患者继续进行游戏。直到确定患者的成人自我足以应对反游戏的压制,医生才可以终止游戏。如果患者玩的是掩饰型游戏,那么医生应当在患者充分了解流程后,抓住第一个适当的时机,采取反游戏的措施。随后,医生需要坚定地拒绝提供建议。当患者开始抗议时,医生应明确表示这不是不讲情面的精神病学游戏,而是一个经过深思熟虑的治疗手段。在恰当的时候,他的拒绝可能会激怒患者,甚至可能会引起急性焦虑症状。下一步行动取决于病人病情的恶性程度:如果患者过于心神不宁,医生应当通过适当的精神病学或精神分析性程序来处理患者的这种急性反应,进而重新恢复正常有序的治疗情境。掩饰型“乡下人”的反游戏的首要目标是将患者的成人自我与虚伪的儿童自我分开,这样游戏就可以进入分析的环节了。

在社交场合中,心理医生应该避免与天真型“哎呀,你可真厉害”的玩家发生亲密的纠葛。毕竟,任何一位聪明的经纪人都会帮助自己的演员在客户面前留下深刻的印象。另一方面,如果掩饰型游戏中的女性能放弃这个游戏，有时会变得更加有趣和睿智，很有可能会成为社交圈中受欢迎的新成员。

五、精神病学

正游戏

我们必须明确作为现代医学科学的精神病学与作为游戏的“精神病学”的区别。根据科学出版物中记录的临床表现形式，下列方法对精神疾病具有疗效：休克疗法、催眠疗法、药物治疗、精神分析、行为精神病学疗法、团体治疗（还有一些不太常见的疗法，在这里就不再赘述了）。这些疗法都可以用在“精神病学”游戏中；玩家持有的心理立场是“我是一名心理医生”，而他手中的资质证明则会强调“看，这上面写着我是一名心理医生”，从而进一步巩固他的心理立场。需要注意的是，无论如何，这一心理立场本身都是有益、善意的；只要“精神病学”的玩家受过专业的训练，他们其实可以做很多好事。

如果他们还能适当地控制自己的治疗热情，那么治疗效果会有所改善。很久以前，法国的外科医生安布鲁瓦兹·巴雷（Ambroise Paré）就曾说过：“我负责治疗患者，而上帝才能治愈患者。”每个医学院的学生都知道这句格言。当然，类似的名言警句还有“第一件事是不要造成任何伤害”“尊重自然的治愈之力”等。然而，那些业余的心理医生不太可能接触到这些古老的戒律。“我是一位心理医生是因为这上面写着我是心理医生”的心理立场无疑是有害的。只有当医生们能够将其修改为“我将运用我所学到的治疗知识，希望它们能有所疗效”，才能避免基于“因为我是一个心理医生，如果你没有康复，那就是你的错”的游戏（比如“我只是好心帮你”），以及基于“既然你是一位心理医生，那我就会为你康复”的游戏（比如“乡下人”）。当然，每一位有责任心的心理医生对以上“规矩”了然于心。

一方面，所有曾经在知名的心理治疗诊所中汇报病例的心理医生都对规矩有所领会；相反地，越好的心理治疗诊所就越能帮助心理医生们认识到遵守规矩的重要性。另一方面，玩“精神病学”游戏的患者往往被那些能力有所欠缺的医生治疗过。例如，一些患者仔细地挑选能力不足的精神分析学者，从一个人转投另一个人，从而证明没有一个人能治愈自己；与此同时，他们会越发激烈地进行“精神病学”游戏；最终，即使是一流的临床医生，也很难去芜存菁。患者的双向型沟通如下：

成人自我：“我想得到治愈。”

儿童自我：“你永远不会治愈我，但你可以教我成为一个更好的神经质患者。”（即你可以帮助我把“精神病学”这个游戏玩得更好。）

与“精神病学”相似的游戏是“心理健康”；其中，患者的成人自我会表示:“如果我遵从我读过和听说过的精神健康原则,一切就都会好起来。”有一位女患者从一位心理医生那里学会了“精神病学”,从另一位心理医生那里学会了“心理健康”,最后她从第三位心理医生那儿努力学会了“沟通分析”的游戏。当沟通分析的心理医生与她坦诚地讨论这个问题时,她同意放弃“心理健康”,但要求允许她继续玩“精神病学”,因为这让她感觉很惬意。医生同意了她的请求。在接下来的几个月时间里,她每周都汇报自己的梦和对梦的解析。最终,她也许是出于对医生的感恩之情,也许是出于对病情的兴趣,她决定弄清楚自己到底哪里出了问题。于是,她开始真正对沟通分析产生兴趣,并且在研究的过程中有效地缓解了自己的病情。

“精神病学”的变体游戏是“考古学”[感谢旧金山的诺曼·赖德尔(Norman Reider)医生为这个游戏取名]。打个比方,患者在游戏中的心理立场是“只有想起那个藏纽扣的人[①],一切才会好起来”。这导致了患者对童年发生的事情的不断“反刍”(即强迫性反思)。有时,心理医生可能会被患者骗进一个“批判”的游戏中;在这个游戏中,病人会描述她在各种情况下的感受,医生则会告诉她这些感受分别代表什么问题。“自我表达”是一些团体治疗常玩的游戏,它基于“情绪良好”的信条。例如,爱说脏话的患者可能会受到组员们的鼓励(或者含蓄的称赞)。然而,一个经验丰富的小组成员很快就

① 这里的“纽扣”指的是在过去发生的事件中一些难以回想的琐碎信息。——译者注

会识破这是一个游戏。

一些团体治疗中的成员非常擅长判断不同的“精神病学”游戏。而且,每当新成员开始玩“精神病学”或“沟通分析”时,老成员们不会通过集体程序来识破新成员的游戏,而是快速地告知新成员他们在玩的游戏是什么。一位女性从“自我表达”治疗团体转到另一个更有经验的治疗团体后,讲述了一段童年时期的乱伦关系。在过去,每当她分享这个不知道讲过多少遍的故事后,她都会收到大家一致的惊叹,但她万万没想到这一次得到的却是集体的冷漠,于是她变得愤怒起来。她惊讶地发现,与过去的乱伦相比,眼前的这群人更感兴趣的是她此刻在沟通时表现出的愤怒。于是,她怒气冲冲地说出了在她看来是带有极大侮辱性的话:“你们都不是弗洛伊德主义者!”诚然,弗洛伊德本人非常重视精神分析;他甚至严正声明自己不是弗洛伊德主义者,从而避免精神分析沦为某种游戏。

“一定告诉我”是在最近发现的“精神病学”的变体游戏,它与聚会消遣活动“二十个问题”[①]很相似。在“一定告诉我”的游戏中,白方讲述一个梦或一个事件,其他组员(通常也包括心理医生)试图通过问相关的问题来对其进行解释。只要白方开始回答问题,每个组员就会继续询问,直到问到一个连白方本人都无法回答的问题。这时,那个难倒白方的黑方会悠闲地靠到椅背上,心领神会地说道:

① 聚会上的一个人在脑海里随意想出一件事物,其他人随后会追问二十个相关的问题,而回答者只能说“对”或“错”。——译者注

"啊哈！如果你能回答这个问题，你肯定会好起来。我已经做了我该做的了，不客气。"（黑方此时在玩"那你为什么不——听起来很不错，但是"的变体游戏。）很多治疗团体几乎都会基于这个游戏开展治疗活动，甚至可能会持续数年之久，而很少有组员能借此游戏缓解病情。实际上，白方（患者）在"一定告诉我"中获得了很多发挥的空间。比如，他通过参与游戏，判定没有人能帮助他。此外。他还可以通过回答所有问题而获得成就感，在这种情况下，其他玩家很快就会表现出愤怒和沮丧，而白方则会回应道："我回答了你们所有的问题，但没有一个人能治好我。你们做何感想？"

老师和学生有时也会在教室里玩"一定告诉我"的游戏。当老师提出一些开放性问题后，学生们很清楚这些问题是无法通过计算得到标准答案的，于是他们纷纷通过猜测可能的答案来取悦老师。在古希腊语的教学中，学究式的变体游戏很有可能会出现：老师始终占据游戏的上风，并且通过不断地从学生的回答中挑一些小错，让学生们出丑。在希伯来语的教学中也是如此。

六、愚蠢

正游戏

在"愚蠢"游戏中，轻度玩家会和其他人"一起嘲笑自己的笨拙和愚蠢"。然而，重度玩家可能会闷闷不乐地表示："我就是这样笨，所以为我做点什么吧。”这两种类型的玩家都持有一种抑郁的心理立场。我们必须将“愚蠢”与“笨手笨脚”区分开来，因为后者的心理立场更加咄咄逼人，而且其笨拙的行径是为了获得原谅。此外，“愚蠢”与“小丑”也不尽相同，因为后者不是游戏，而是一种支撑“我既可爱，又不会惹麻烦”这一心理立场的消遣。

在“愚蠢”游戏中，对于白方来说，关键的沟通是让黑方以直接或间接的方式指出白方的愚蠢。因此，白方的行为虽然显得“笨手笨脚”，但白方并不是想要得到黑方的原谅。事实上，原谅反倒会让白方感到不安，因为这会威胁到他的心理立场。当白方表现得像一个滑稽的小丑时，其实他并不是在开玩笑；相反，他希望黑方能够严肃地对待他的行为，并借此证明他的愚蠢。白方在“愚蠢”游戏中能够获得大量的外在益处，因为白方越无知，就玩得越好。因此，他在学校不需要学习知识，在工作中也不需要掌握提高业绩的技能。他从小就知道，只要他愚蠢，每个人对他都会满意(尽管有的时候，他的言行恰好暴露了他并不蠢)。如果人们有机会看到他在面对压力时克服困难的举动，一定会大为震撼，因为他的所作所为证明他就像童话故事中的那个“愚蠢”的小儿子一样，一点儿也不笨。

反游戏

对待“愚蠢”的轻度玩家的反游戏十分简单，即不参与“愚蠢”游戏，或者不主动嘲笑笨拙和愚蠢的行为。成功终止“愚蠢”游戏的人甚至可以与轻度玩家成为终生的挚友。一个微妙之处在于,“愚蠢”游戏的玩家往往是循环精神病患者和躁狂抑郁症患者。当这样的玩家欣喜若狂的时候,他们似乎真心希望同伴也能加入嘲笑自己的行列中;而同伴们的确很难不被卷入游戏之中,因为他们知道玩家憎恨不接受邀请的人。然而,只有那些拒绝游戏的人才能威胁玩家的心理立场,中断游戏的进行。但当玩家陷入抑郁的状态中时,又会公开谴责那些一起嘲笑过自己的人。只有到这个时候,那些当初拒绝参与游戏的人才知道自己做了一个无比正确的选择。不仅如此,他们还将成为玩家独处时唯一愿意与之交谈的对象,而所有以前喜欢玩“愚蠢”游戏的“朋友”现在都被玩家视为仇敌。

实际上,直接告诉玩家你并不愚蠢无济于事。一方面,他的智力可能的确有限,但他一定清楚一件事,即愚蠢是这一游戏的起源。另一方面,他可能在某些特殊的领域更胜一筹,心理洞察力往往便是其中之一。对这种天赋表示应有的称赞并无坏处,但笨拙的“慰藉”很有可能会带给玩家一种痛苦的满足感,让他意识到这个世界还有人比他更加愚蠢。因此,这种小小的慰藉显然不是最明智的治疗方法,通常是“我只是好心帮你”中的游戏举动之一。注意,“愚蠢”的反游戏并不是将其替代成另一个游戏,而是克制住不去玩“愚蠢”游戏。

当玩家陷入抑郁的状态中时,反游戏就变得复杂得多。闷闷不乐的玩家想要激起的不是他人的笑声和嘲笑,而是他人的无助和恼怒。因此，他会根据自己的挑战，开始玩“你能把我怎么样”。如果黑方出于无助，什么也没有做，那么白方就取得了游戏的胜利；如果黑方出于恼怒，采取了行动，那么白方仍然取得了游戏的胜利。因此，这些玩家也常常会玩“那你为什么不——听起来很不错，但是”的游戏，因为他们可以以较为轻度的游戏形式得到相同的满足感。在这种复杂的情况下，我们没有简单的应对方法。只有当我们清楚地了解这款游戏的心理动力后，才能得出一套切实可行的治疗方案。

七、木头腿

正游戏

“木头腿”最为戏剧化的形式莫过于“以精神错乱为由辩护”的游戏。如果用沟通的术语来说，那就是：“像我这样精神异常的人，你还能指望我不去杀人吗？”对此，陪审团只能被迫回答：“当然不会，我们很难对你施加限制！”一方面，“以精神错乱为由辩护”作为一种法律游戏，在美国文化中是可以被接受的；另一方面，这一游戏并不等同于人们普遍遵守的原则（即没有一个理性的人会指望一个患有严重精神疾病的人为自己的行为负责）。根据作者对各国的了解，酗酒在日本可以成为残暴行径的辩词；服战时兵役在俄罗斯就可以成为逃避法律责任的借口。

“木头腿”的游戏主题是“像我这样的残障人士，你还能指望我做什么呢?”诚然，除了希望残障人士自行控制轮椅，没有人会对残障人士寄予厚望。另一方面，在第二次世界大战期间，有一个安装假肢的人曾经在陆军医院的截肢中心表演过吉特巴舞①，而且跳得非常娴熟；有些盲人正在从事法律和政治方面的工作(其中一人是作者的家乡的现任市长)；有些聋人可以从事精神病学的工作，甚至还有能够使用打字机的无手男子。

一个人可能真的是一位残障人士，也可能故意夸大自己伤残的程度，还有可能臆想自己身有残疾；但只要他们对自己的命运仍然感到满意，其他人也许无法强加干涉。但如果他们准备接受精神治疗，我们就有必要探讨他们是否在利用自己的处境来获取最大的好处，以及他是否能战胜自身残疾的影响。在美国，大量受过教育的公众并不认同心理医生的很多观点。即使当病患的病情取得了好转，那些怨声载道的亲戚们也会转而攻击心理医生的无能。游戏分析师倒是很容易理解这一情况，但这也同时让他的工作变得更加困难。当患者表现出“单干”的迹象时，所有参与“我只是好心帮你”的玩家都会受到威胁，游戏也将随即中断；有时，那些玩家甚至会采用一些难以置信的手段来终止治疗的进程。

在之前讨论的“贫穷”游戏中，黑方小姐救助的那位口吃的对象

① 一种轻盈活泼的快步舞，通常有爵士乐伴奏。——译者注

便很能说明这个问题，他所玩的正是经典的“木头腿”游戏。他认为自己之所以找不到工作，是因为他的口吃；然而，他唯一感兴趣的职业又偏偏是推销员。作为一位自由的公民，他有权利选择任何领域中的工作；但作为一个口吃者，他的选择不得不让人揣测他的动机。当黑方小姐试图终止他的游戏时，福利机构却立刻做好了制裁她的准备。

“木头腿”尤其会阻碍临床实践活动的开展，因为患者可能会发现，治疗师打着同样的借口，玩着同样的游戏，因此不可能在治疗方面取得任何进展。在随处可见的“以意识形态为由辩护”游戏中，玩家会表示“在这样的一个社会里，你还能指望一个人做什么呢”？还有的患者甚至可以同时玩“以心理问题为由辩护”（“像我这样有心理问题的人，你还能指望我做什么呢？”）和“以意识形态为由辩护”两个游戏。在这种复杂的情况下，他的心理医生既不能同时接纳这两种辩解来让他满意，也不能同时拒绝这两种辩解来帮助他改变。于是，他换了一批又一批的心理医生。由此证明，精神病学治疗对人的帮助有限。

患者为症状行为辩护的理由有很多，包括感冒、头部受伤、环境压力、现代生活的压力、国家文化和经济体制等。一个有文化常识的玩家很容易找到为自己辩护的权威理由，比如“我喝酒是因为我是爱尔兰人”“如果我住在俄罗斯或者塔希提岛，就不会发生这种事”（事实上，俄罗斯和塔希提岛精神病院的病人与美国州立医院的病人并没有太大的差别)。[1]在临床实践和社会研究项目中，专业人员需要仔细地评估“要不是因为他们”“他们让我失望了”等特殊辩护理由。

还有一些稍微复杂一点的辩护理由：“像我这样一个①来自破碎家庭的人；②神经病患者；③接受心理分析治疗的人；④酗酒成瘾的人，你还能指望我做什么呢？”更加复杂的辩护理由是“如果我不这么做，我就无法对我的病症进行分析，那我就永远不可能康复。”

“人力车”是“木头腿”的一个对照游戏，其主题是：“要是这镇上有人力车/鸭嘴兽/会说古埃及语的女孩，我哪会陷入这般境地？”

反游戏

只要心理医生能够区分自己的父母自我和成人自我，并且医患双方都能明确治疗的目的，那么“木头腿”的反游戏其实并不难。

在父母自我状态下，医生既可以是一个慈爱的父母自我，也可以是一个严厉的父母自我。慈爱的父母自我认为患者在没有完成治疗之前不必为自己的行为负责，从而接受患者的辩护理由；尤其是当患者给出的理由与医生的观点不谋而合时，医生更应这么做。严厉的父母自我会否决患者所有的辩护理由，并且与患者展开一场意志力的搏斗。对于“木头腿”玩家来说，他对医生的这两种态度都很熟悉，同时也知道如何从不同的态度中获得最大的满足感。

在成人自我状态下，心理医生会拒绝这两种机会。当患者发问："像我这样的神经病患者，你还能指望我做什么呢？"（或者与之相似的辩护理由）心理医生都会一律回答："我什么也不期待。问题是，你对自己的期待是什么？"也就是说，医生唯一的要求就是让患者严肃地回答这个问题，而医生唯一的让步就是为患者留出足够长的时间（六周到六个月不等，取决于医患之间的关系和患者之前的准备情况）来回答这个问题。

参考资料

[1] Berne, E., "The Cultural Problem: Psychopathology in Tahiti", *American Journal of Psychiatry*, 116: 1076–1081, 1960.

第十二章　好游戏

如果要选出一个对游戏研究最佳的人选，那非精神科医生莫属。然而，遗憾的是，精神科医生几乎面对的都是深陷游戏无法自拔的玩家。这也就意味着，提供给临床研究的游戏在某种意义上都是“坏游戏”。潜在性沟通构成了游戏的基础，因此游戏或多或少包含玩家的私利。基于上述两大方面的原因，无论在实践中还是理论中，寻找“好游戏”都是非常困难的。好游戏的定义是玩家的社会贡献远远超过复杂的私利（特别是当玩家在为了社会贡献，牺牲私利时没有抱着无所谓或者愤世嫉俗的态度，才更加突显好游戏的价值）。也就是说，“好游戏”应该不仅有益于玩家本人，而且也能为参与游戏的其他玩家造福。即使是在最佳的社交活动和社会组织中，玩家也会在游戏上花费大量的时间，所以寻找“好游戏”是非常值得的。在本章中，我会提到几个好游戏，分别是“照常工作的假期”“绅士”“乐意效劳”“亲切的智者”“他们会很高兴认识我”，但无可否认，它们无论在数量上，还是质量上都是远远不够的。

一、照常工作的假期

正游戏

严格来说,“照常工作的假期”是一种消遣,而不是一个游戏,不过,它显然对所有参与这一游戏的玩家均有益处。举例来说,一个美国的邮递员在前往日本旅游的假期里帮助当地的邮递员派送邮件;一个美国耳鼻喉科专家在假期时间里前往海地的一所医院工作。邮递员和专家虽然仍然在工作,但就像在非洲狩猎或者驾车穿过横贯大陆的高速公路一样斗志昂扬、精神焕发。美国和平队[①]已经得到“照常工作的假期”的官方批准。

当某人出于某种隐秘不明的动机而主动去做工作,那么此时的工作就变成了一场为了完成其他事情的表演,“照常工作的假期”也就成了游戏。然而,即使成为游戏,“照常工作的假期”也仍然值得推崇,其所掩盖的活动本身也具有建设性。

二、绅士

正游戏

玩“绅士”游戏的男性往往没有性方面的压力。而且,在这些男

①和平队是由具有专业技能的志愿者组成。——译者注

性玩家之中，不乏对婚姻状况或恋爱状况感到满意的年轻男性，但大多数是优雅地遵从一夫一妻制或独身主义的成熟男性。一方面，当遇到心仪的女性时，白方会抓住一切机会赞美她的优秀品质，但永远不会做出有违女方的生活地位、社会状况和良好品味的举动。另一方面，他又在礼貌的限度内可以充分发挥自己的创造力、热情和独创性。他的目的不是勾引，而是要展示他在恭维方面的精湛技艺。这个游戏的内在社交益处在于这种天真无邪的艺术给女性带来的欢乐，以及女性对白方的社交技巧的欣赏之情。在合适的情况下，如果双方都知道这种游戏的性质，就会越玩越尽兴，甚至玩到肆无忌惮的地步。老练的白方自然知道何时应当喊停：他不仅会在玩笑开得过火之前熄火（出于照顾女方感受的考虑），而且能在自己江郎才尽之前停止恭维（出于对自己社交技艺的自重）。对于诗人而言，玩“绅士”游戏是为了获得外在社交益处：诗人不仅会好奇赐予他灵感的女士对诗作的反应，更会好奇评论家和广大读者的反馈。

欧洲人注重浪漫抒情，英国人爱好诗词歌赋，他们似乎都要比美国人更善于玩这个游戏。在美国，爱玩“绅士”游戏的往往是水果摊派“绅士”，他们吟诵着：“你的眼睛像牛油果，你的嘴唇像黄瓜。”水果摊派“绅士”的创作远远不及罗切斯特（Rochester）、罗斯康芒（Roscommon）、多塞特（Dorset）等作家的愤世嫉俗但富有想象力的作品，更无法与赫里克（Herrick）、洛夫莱斯（Lovelace）等一众诗人的杰作相提并论了。

反游戏

如果一位女士想要对抗水果摊派的“绅士”游戏,需要一些复杂的技巧。如果她断然拒绝这一游戏,难免会显得不通人情、略显笨拙。对于他人的恭维合适的应对是“哎呀,你可真厉害”,也就等于在说“我很欣赏你的创作”。如果这位女士不知变通,那她很有可能以一种简单直白的方式表达“哎呀,你可真厉害”,但她并不清楚对面的那位男性玩家希望他创作的诗歌得到赏识,而非他本人。第二级“挑逗”(“走开,坏家伙”)是较为粗暴的反游戏。第三级“挑逗”也存在发生的概率,在这种情况下,当然会出现一种极为恶劣的回绝。如果这位女士只是不够机敏,那么她会选择第一级“挑逗”,即接受赞美来满足自己的虚荣心,但忘记去欣赏男士的创作和能力。一般来说,如果这位女士把这个游戏当作一种勾引,而非文学鉴赏,那么这个游戏就会被破坏。

相关游戏

我们必须将“绅士”游戏与求爱的举动和程序区分开来,因为求爱者在简单的沟通中并没有怀有隐秘不明的动机。与“绅士”相对应的女性角色游戏可以简单地称为“花言巧语”,勇敢的女人常常会在她们的晚年玩这个游戏。

局部分析

目的:相互仰慕。

角色:诗人、被欣赏的对象。

社交层面的沟通范式:

成人自我—成人自我。

成人自我(男性):“看我能让你感觉多好。”

成人自我(女性):“哎呀,你果然让我感觉很好。”

心理层面的沟通范式:

儿童自我—儿童自我。

儿童自我(男性):“看我多有才。”

儿童自我(女性):“哎呀,你果然很有才气。”

益处:

(1)内在心理益处:展现创造力,从他人那里得到对创造力的肯定。

(2)外在心理益处:为了避免遭到拒绝,放弃不必要的性挑逗。

(3)内在社交益处:“绅士”。

(4)外在社交益处:可以放弃此益处。

(5)生理性益处:相互安抚。

(6)存在性益处:“我可以优雅地生活”。

三、乐意效劳

正游戏

白方虽然常常乐于助人，但可能抱有隐秘不明的动机。他可能是在为过去的恶行忏悔，可能正在掩盖现在的恶行，可能为了结交朋友以便日后利用他们，也可能是为了寻求声望。但无论谁质疑他的动机，也必须承认他的确在为他人提供帮助。毕竟，人们可以通过变得更加邪恶来掩盖过去的邪恶，通过恐吓（而不是慷慨）来利用他人，通过邪恶（而不是善良）来寻求声望。有些慈善家对竞争的兴趣远远大于慈善本身，他们通过慈善对其他竞争者宣布“我捐的钱（艺术品、土地）比你多得多”。同样的，即使他们的动机受到质疑，我们也必须承认他们是在以一种有益社会的方式竞争，因为有很多人的恶意竞争是具有破坏性的。很多“乐意效劳”的玩家在游戏中既会结交挚友，也会招致仇敌。而且，无论是朋友还是敌人，他们都认为自己对玩家的看法是有道理的。敌人攻击玩家的动机，贬低玩家的行为；而朋友感激玩家的行为，掩饰玩家的动机。因此，关于这个游戏的所谓“客观”的讨论实际上是不存在的。声称中立的人很快就会暴露他们是站在哪一边的。

“乐意效劳”的游戏是一种利用性的操控手段，构成了大部分“公共关系”的基础。很多消费者都乐于参与其中，或许，这是最令人愉快、最具建设性的商业游戏之一。另一方面，“乐意效劳”最受人诟病的形式之一是三人家庭游戏：母亲和父亲竞争孩子的感情。但即便如此，我们也应该注意到，与其他形式的竞争相比，例如“妈妈比爸爸病得更严重”“为什么你爱他胜过爱我？”等，“乐意效劳”仍然有可取之处。

四、亲切的智者

正游戏

准确来说，“亲切的智者”是一个人生剧本（而非游戏），但它的确具有一定程度的游戏性。对于一个受过良好教育而又久经世故的人来说，除了打点好分内事之外，他还会尽可能多地学习其他的知识。等到退休的年纪，他从大城市搬到了一个小城镇。当地的居民很快就会知道有任何问题都可以找他求助。无论是发动机故障，还是各种疑难杂症，他只要有能力，就会亲力亲为，或者把他们引荐给有资质的专家。久而久之，他就会在新环境中找到自己的位置，成为一位“亲切的智者”，不仅不会装腔作势，还愿意成为一位耐心的倾听者。那些不厌其烦地去看心理医生，检查自己的动机，并且在扮演这个角色之前就熟知应该避免哪些错误的人是这一游戏的理想玩家。

五、他们会很高兴认识我

正游戏

“他们会很高兴认识我”是“我要让他们看看”的变体游戏。后者有两种游戏形式，分别为破坏型与建设型。在其破坏型的形式中，玩家会通过施加伤害的方式来“让他们看看”。因此，他可以打着不为名不为利的幌子，登上高人一等的位置，自以为有权肆意发泄自己的怨恨。而在建设型的形式中，玩家会为了获得声望而卖力磨炼自己的手艺。尽管磨炼手艺沦落到次要的地位，但玩家不会直接伤害他人，而是通过自己的杰出表现让当初没有善待他的人追悔或嫉妒。

在“他们会很高兴认识我”的游戏中，玩家不会伤害昔日的同伴，反而会为了他们奋斗。他要证明同伴们当初以友好和尊重的方式来对待自己不仅是正确的，而且当初的认可也能给他们带来好处。为了让自己在这场游戏中稳操胜局，他的手段和目的也必须是值得尊敬的，这就是它比“我要让他们看看”优越的原因。“他们会很高兴认识我”和“我要让他们看看”都仅仅是获得成功的次要益处，而不是游戏。当玩家更加看重自己对敌人或朋友的影响力，而非成功本身时，“他们会很高兴认识我”和“我要让他们看看”方可成为游戏。

第三部分 / 超越游戏

第十三章　游戏的意义

1.游戏是世代相传的。在任何一个玩家的身上，我们都能看到他的父辈们的影子。父辈们会将自己最爱的游戏传递给下一代。除非在传递过程中发生了成功的干预，否则后代们一定又会将游戏继续传递给他们的孙辈。因此，我们需要在一个宏大的历史背景中(向前追溯一百年，向后预测至少五十年)来进行沟通分析。如果能够打破串联五代人的历史链条，将会产生几何指级数增长的效益。当今，有很多健在的人的子孙后代已经达到了两百人。游戏虽然可能在一代代的传承中淡化或变化，但即使同一家族的后代不再玩相同的游戏，其不同的游戏之间也存在一种显著的关联。这就是游戏的历史意义。

2.儿童的“抚育”基本上就是一个教他们玩什么游戏的过程。不同的文化和社会阶层所偏爱的游戏类型各不相同，而不同的宗族和家庭所喜好的是同类游戏的各种变体。这就是游戏的文化意义。

3.游戏、消遣和亲密的组合就像一块汉堡，而游戏是夹在中间的肉馅。消遣就像一场接一场的促销鸡尾酒会，会因为循环往复而变得无聊；而亲密在父母自我、成人自我与儿童自我的状态下，需要格外细心慎重对待。只有在私底下,我们的社会才会欢迎坦诚相见;明智的人知道坦诚会招致他人的欺辱;儿童自我惧怕坦诚,因为坦诚涉及揭露自我。因此,为了摆脱单调乏味的消遣,又不至于让自己暴露在亲密关系的危险中,大多数人都会在游戏中妥协。于是,游戏便成了社交生活中更加有趣的主要活动。这就是游戏的社会意义。

4.人们会选择那些玩同样游戏的人成为朋友、伙伴和密友。在一个特定的社交圈(如上层社会、青少年团体、社交俱乐部、大学校园等)中,成员们在言谈举止方面很有可能与另一个社交圈里的成员截然不同。相反地,任何试图改变游戏的成员都会受到社交圈的排挤,但他又会发现自己在其他的社交圈中受到欢迎。这就是游戏的个人意义。

说明

到目前为止,读者应该能够理解数学游戏分析和沟通游戏分析之间的基本区别了。数学游戏分析预设玩家都是完全理性的;而沟通游戏分析处理的是不理性的,甚至是不合理的游戏。由此可见,沟通游戏分析更加真实。

第十四章　玩家

精神失常的患者往往是最为顽固的游戏玩家。一般而言，他们越是精神失常，玩得就会越卖力。然而奇怪的是，有一些精神分裂症患者似乎会抗拒玩游戏，从一开始就要求坦诚相见。在日常生活中，玩家主要可分为两类：愠怒派、古怪派（或呆板派）。

愠怒派玩家是指对母亲生气的男人。经过调查后发现，这类玩家从小就生母亲的气；而且，他有很多儿童自我的理由来为发泄愤怒辩护：比如，在他童年的关键时期，母亲因生病住院而"抛弃"了他；母亲生了太多的兄弟姐妹……有些顽固的玩家甚至会认为母亲为了顺利再婚，会把他卖给别人。无论是什么理由，他从那以后对母亲一直心怀怨恨。他在长大后可能会成为一个花花公子，但他更有可能产生厌女的心理。他的怨恨从一开始就是有意为之，所以他在人生的任何阶段都可以像一个一到吃饭时间就不再生闷气的孩子一样，随时可以终止自己刻意的怨恨。安抚一个正在生气的愠怒派成年玩家，就像对待一个生气的小朋友一样：首先需要保全他的颜面，接着再赠送他一些有价值的东西，换取他生气的特权。有时候，当愠怒派玩家不再生气后，一场本会持续数年之久的"精神病学"的游戏随之落下帷幕。然而，这不仅需要患者精心的准备，也需要适当的时机和方法。采取愚弄或者胁迫的手段对待一个闷闷不乐的小男孩，不会有什么好的结果。因此，心理医生也不应该这么对待一位愠怒派玩家。从长远来看，如果心理医生治疗手段不当，那么患者会在日后报复医生，就像小男孩最终会报复不称职的父母一样。

对于愠怒派女性玩家，如果她们怨恨父亲，那么情况与上述内容相同，只是细节方面存在细微的差异。针对她们的“木头腿”游戏（“一个女人有那样的父亲，你还能指望她能做什么呢？”），男性心理医生需要运用巧妙的策略进行应对。否则，他就很有可能会被她扔进“像父亲一样的男人”的垃圾桶里。

每个人或多或少都有“古怪”的一面，但游戏分析的目标是将其保持在最低水平。古怪派玩家是对父母自我影响过于敏感的人。因此，玩家的成人自我的“数据处理”能力和儿童自我的自发性很可能在关键时刻受到干扰，导致他们做出不适当或笨拙的行为。在极端的情况下，古怪派玩家同时也集花言巧语、炫耀、依恋于一身。我们不能把古怪派与混乱的精神分裂症患者混为一谈，后者既没有正常的父母自我，也很少有正常的成人自我，因此他不得不以一个困惑的儿童自我状态来应对这个世界。有意思的是，“古怪”一般只用于形容男性，少量用于形容具有男子气概的女性。一些自命清高的人比古怪派更加呆板，通常用来形容女性，但有时也会用在有女性化倾向的男性身上。

第十五章　沟通范式

以患者与心理医生之间的对话为例：

患者："我想要成为一个守时的人。"

医生："我会帮你的。"

患者："我可不是为了你，而是为了我自己……猜猜我的历史成绩吧。"

医生："良。"

患者："你是怎么知道的？"

医生："因为你害怕拿到优。"

患者："没错，我也可以拿到优，但我故意改错了三个答案。"

医生："我喜欢和你这么对话。一点儿也不古怪。"

患者："你知道吗，我昨晚一直在思考自己究竟取得了多大的进步。我猜，我现在只剩17%的古怪了。"

医生："今早，到目前为止，是0。所以，等到下一轮治疗的时间，你可以享受34%的折扣。"

患者："我的好转发生在六个月前的那一天。当时，我正盯着我的咖啡壶看。那是我第一次真正看到它的存在。你也了解我现在的情况了:我能听到鸟儿唱歌,我能看到人群,他们在我眼里就是真实的样子;最重要的是,我能感受到自己的真实存在了。此时此刻,我不仅仅身在这里,我更能感到自己在这里。有一天,我站在画廊里看一幅画,一个男人走过来说:'高更很不错,不是吗?'我回复道:'你也很不错。'于是,我和他一同出去喝了几杯。他的确是一个很不错的家伙。"

这是发生在两个拥有自主性的成人自我之间的对话,不涉及古怪派和游戏。对这段对话的解释如下:

"我想要成为一个守时的人。"这句话是患者总是迟到后的表态。但这一次,她并没有迟到。如果说守时对她来说仅仅是一种决心,一种体现"意志力"的行为,一种父母自我强加于儿童自我的、注定会违背的要求,那么患者应该在正式开始守时之前宣布:"这是我最后一次迟到。"换句话说,这样的声明是在尝试启动一个游戏。然而,患者的声明却并非如此,她是一个在成人自我状态下做出的决定和一个计划,而非表一个决心。所以,她以后也会很准时。

"我会帮你的。"医生的这句话不是一个"支持"的声明,更不是开始"我只是好心帮你"游戏的第一步。由于患者长期迟到，她总是在医生休息的时间来访；而医生也养成了慢条斯理、晚回家的工作习惯。当她发表声明时，他知道她是严肃的，于是也发表了他的声明。这一沟通是一份双方都处于成人自我状态下订立的合约，而不是患者的儿童自我正在戏弄医生的父母自我。考虑到自己的身份，医生不得不扮演一位“好爸爸”的角色，并说他会协助患者。

“我可不是为了你。”患者之所以说这句话，是因为她在强调守时是自己的一个决定，而不是启动虚伪的顺从游戏的手段。

“猜猜我的历史成绩吧。”这是一种双方都心知肚明、沉浸其中的消遣。医生没有必要告诉她这是一种消遣来展现自己的警觉性；患者也没有必要因为明知这是消遣而不参与其中。

“良。”心理医生明白患者的水平，知道“良”是可能性最大的成绩，所以他没有理由不这么猜。如果这位医生假装谦虚，或者害怕出错，那么他很有可能装作猜不出答案。

“你是怎么知道的？”这是成人自我提出的一个问题，而不是一个“啊，你可真厉害”的游戏。因此，这一问题值得医生给出一个恰当的答案。

“没错，我也可以拿到优。”能做出这一回答对于患者来说是真正的考验。她并没有因为辩解而生气，而是正视她的儿童自我。

“我喜欢和你这么对话。”这句话和接下来的半开玩笑的话是成人自我相互尊重的表达，也许还加上了一些父母自我与儿童自我的消遣（这一消遣对他们俩来说是可供选择的，也是心知肚明的）。

“那是我第一次真正看到它的存在。”患者终于摆脱了父母的要求，能够用自己的意识去感受咖啡壶和人群。

“此时此刻，我不仅仅身在这里，我更能感到自己在这里。”患者能够把思绪集中在当下，不再生活在未来或过去；但如果需要回忆过去和展望未来，她也可以简短地讨论它们。

“我回复道：‘你也很不错。’”患者不再浪费时间与新认识的人玩“画廊”游戏（当然，她也可以主动玩游戏）。

心理医生并不觉得自己有义务陪患者一起玩“精神病学”的游戏。在对话过程中，他有几次机会提出防御、移情和意象解释的问题，但他能够让这些问题顺其自然地过去，而不会感到任何焦虑。不过，弄清楚患者在试卷上故意改错了哪些题，以便将来参考，还是很有价值的。遗憾的是，在接下来的时间里，病人身上剩下的17%的和心理医生身上剩下的18%的“古怪派”不时地在他们的身上显现出来。综上所述，上述对话的整个程序构成了一种带有些许消遣性质的活动。

第十六章　自主性

获得自主性表现为三种能力的展现或恢复：觉察、自发性、亲密。

觉察意味着以自己的方式看咖啡壶和听鸟儿歌唱的能力，而不是以他人教授的方式。我们有充分的理由假定婴儿在视觉和听觉两个方面与成人不同[1]，他们在生命的最初几年就拥有了审美体验，但智力水平较低。一个小男孩会因为看到和听见鸟儿歌唱而高兴。接着，“好父亲”出现了，认为自己应该“传授”经验，帮助儿子“成长”。于是，他会告诉儿子：“这是乌鸦，那是麻雀。”当小男孩开始关心哪只是乌鸦、哪只是麻雀时，他就再也看不见它们，也听不到它们吟唱了。也就是说，他必须按照父亲的意愿去看，去听。父亲自然有充分的理由支持自己的行为，因为很少有人能靠着听鸟儿唱歌度过一生，小男孩越早开始接受他的“教育”越好。也许，小男孩长大后会成为一名鸟类学家。然而，仍有少数成人能以儿时的方式去看，去听。但是，人类中的大多数人已经失去了成为画家、诗人、音乐家的能力，即使他们有能力，也无法直接看到和听到。换句话说，人们感受到的都是“二手”的感知。这种能力的恢复在本章里被称为“觉察”。生理上的觉察是清晰的知觉，与鲜明的意象有关。[2]也许，至少还有一些人在味觉、嗅觉和运动方面仍然持有清晰的感知，他们就有潜力成为这个领域的艺术家，比如厨师、调香师、舞蹈家等。但艺术家的永恒困境是找到同样有欣赏能力的观众。

觉察需要我们生活在此时此地，而不是在别处、过去或者未来。在美国人的生活中，一个具有代表性的例子就是早上匆忙开车去上班。判断一个人是否有觉察的关键问题是："当身在此处时，心又在哪里？"有以下三种常见的情况：

1. 对于一心想着准时的人，他们的身与心相隔最远。身在车里，心早已经打开了办公室的大门。他们不会注意到周遭的环境。只有当路上遇到了障碍，他们的身心才会汇聚到当下。这类人便是古怪派，他们只关心自己的老板会如何看待自己。如果他们迟到了，就会喘着粗气，一路狂奔来到办公室。顺从型的儿童自我主导着他们玩"我明明已经很努力了"的游戏。当他们在驾驶时，几乎完全缺乏自主性；作为一个人，他本质上处于"行尸走肉"的状态。高血压和冠心病最容易发生在他们的身上。

2. 另一种，愠怒派更关心的不是准时到达，而是为迟到找借口。车祸、接连赶上红灯、糟糕的路况、他人的愚蠢都很适合成为他们的辩护理由。他们那叛逆的儿童自我或正直的父母自我甚至会暗暗期待不好的事情到来，好让自己可以大大方方地玩"看看他们让我做了什么"的游戏。除了在密谋自己的游戏，他们也对周围的环境浑然不觉，所以也处于半"行尸走肉"的状态。身在车里，但心却在寻找瑕疵和不公。

3.“天生的车手”是不太常见的。对他们来说，驾驶是一门令人愉悦的科学和艺术。当他们快速而熟练地穿过车流时，已然人车合一。然而，除非周围的环境为他的车技提供了施展的空间，否则他们对周遭的环境同样浑然不觉。但他对自己和自己所操控的机器有着很好的感知。从这个程度上来说，他是活着的。这种类型的驾驶属于一种成人自我的消遣，司机的儿童自我和父母自我也可以从中获得满足。

4.第四种情况是有觉察的人，他们不会匆忙行事，因为他是活在当下的环境中的，感受着天空、树木以及驾车飞驰的感觉。匆忙意味着忽视周围的环境，只注意路上尚未出现的事物，或者仅仅关注路上的障碍，或者仅仅觉察自己。一名男子准备坐地铁，他的同伴告诉他坐特快列车可以省20分钟，于是他们一起乘坐了快车。当他们在中央公园下车时，那位男子坐在了一条长凳上，这令他的朋友感到非常诧异。男子解释道："既然我们已经节省了20分钟，何不坐下欣赏20分钟的美丽风景呢？"

有觉察的人是鲜活的，因为他们知道自己的感觉，知道自己身处何时何地。虽然他们明白那些树在自己死后还会在那里，但更加清楚自己不可能在死后还能看到它们，所以他们现在就要尽可能观赏它们。

自发性意味着从可供选择的分类中选择和表达自己的感情（父母自我的感受、成人自我的感受、儿童自我的感受）的自由。自发性还意味着从强迫性的游戏中解放出来，也从教条式的感情中解放出来。

亲密意味着一个有觉察的人自发、不受游戏影响地袒露自己，意味着一个纯粹的、敏锐的、活在此时此地的儿童自我得到了解放。实验证明，[3]清晰的感知可以唤起情感，而坦率能调动积极的感觉。因此，所谓的“单方面亲密”也就不足为奇了。尽管这个名字听起来很生僻，但它实际上是一种为人所熟知的社交现象。专业的情场骗子在不动情的情况下就能俘获他人的心。他们的骗术便是鼓励对方直视内心，无拘无束地畅谈，而他们自己却防卫森严，假惺惺地回应着对方。

亲密在本质上属于儿童自我的天然功能（尽管亲密会通过心理层面与社交层面综合体现出来）；在没有游戏的干扰下，亲密往往会带来很多好处。通常，儿童自我对父母自我的服从是破坏亲密的主要原因；但最不幸的是，这种服从几乎是普遍存在的。但在儿童自我遭受影响之前，大多数婴儿似乎都具有爱的能力。[4]正如实验表明的那样，那就是亲密的本质。

参考资料：

[1] Berne, E., “Intuition Ⅳ: Primal Images & Primal Judgments”, *Psychiatric Quarterly*, 29: 634–658, 1955.

[2] Jaensch,E.R.,*EideticImagery*,Harcourt,Brace,NewYork, 1930.

[3] 这些实验仍处于旧金山社会精神病学研讨会的试验阶段。就像运用色谱分析法和红外分光光度法的有效实验一样，有效地运用沟通分析技术需要特殊的训练和经验。区分游戏和消遣并不比区分恒星和行星容易。可参阅：Berne, E., “The Intimacy Experiment”, *Transactional Analysis Bulletin,* 3:113,1964; “More About Intimacy”, ibid., 3: 125,1964。

[4] 由于感染和饥饿，有些婴儿遭受消瘦症和肚腹绞痛之苦，没有机会锻炼亲密的能力。

第十七章　自主性的培养

从婴儿出生的那一刻起，父母就会有意或无意地教会他们如何行为、思考、感觉和感知。如果孩子想要从这种根深蒂固的影响中解放出来，并非易事。况且，对于一个孩子来说，生命的头二三十年必然在父母的影响下，才可以在社会上生存。事实上，摆脱父母的影响是完全有可能的，当个体处于自主的状态，即拥有觉察、自发性和亲密的能力。也就是说，个体可以有选择地接受父母的影响。在生命早期的某些特定时刻，他会决定如何去适应父母的影响，他的适应在本质上是一系列可以撤销的决定。在合适的环境中，这些决定完全是可以修改的。

因此，自主性的培养包括摒弃第十三章、第十四章和第十五章中所有与自主性不相干的行为。摒弃从来不是一蹴而就，纠正旧方式是一场持续不断的斗争。

首先，正如第十三章所讨论的，个体必须悬置整个部落或家族历史传统的负担，就像人类学家玛格莉特·米德(Margaret Mead)所研究的新几内亚村民[1]一样。其次，个体必须抗拒来自父母、社会和文化背景的影响，以及整个当代社会的要求。而且，个体必须部分或全部舍弃社交圈直接给予他的益处。然后，像第十四章中所探讨的那样，对于愠怒派或古怪派而言，他们必须不再沉溺于游戏之中，也不再执迷于游戏的回报。接着，个体必须获得个人和社会层面的控制。除梦之外，个体可以根据自由意志选择附录中的所有的行为分类。个体就如第十五章所述的例子一样，准备好放弃游戏，开展正常的交际活动。在这一点上，他便能够培养他的自主性。从本质上说，整个准备过程涉及与父母（及其父母自我的影响）的友好告别。这样一来，即使他们偶尔愉快地登门拜访，也不再遭受父母（及其父母自我影响）的支配。

参考资料：

[1] Mead, M., *New Lives for Old*. Gollancz, 1956.

第十八章　游戏之后

本书的第一部分和第二部分呈现了一幅阴郁不安的人类图景：在人的一生中，我们主要是在填补时间的过程中等待死亡的到来。除此之外，我们别无选择。如果非要说有的话，也不过是选择如何应对这漫长的等待。这幅图景虽然普遍存在，但却不是最终的答案。对某些幸运的人来说，觉察超越了所有的行为分类，自主性超越了既定俗成的程序，亲密超越了所有游戏的价值。但对于毫无准备的人来说，这三样能力可能是可怕的，甚至是危险的。也许，他们依靠"和睦相处"等常见的社交手段，也可以过得很好。然而，这样的做法很有可能意味着只有少数个体有希望从个人层面改善这一人类图景，而整个人类却已然毫无希望。

附录　行为分类

在任何一个时刻，一个人都在从事下列一类或多类行为：

类别1

内在程序化行为（由早期心理造成的既定程序）。孤独行为。

次序：

(a)梦。

(b)幻想：

　ⅰ.对外幻想（满足愿望）；

　ⅱ.非适应性内向沟通；

　ⅲ.适应性内向沟通（存在由新近心理造成的既定程序）。

(c)神游症状。

(d)妄想行为。

(e)无意识行为：

　ⅰ.抽搐；

　ⅱ.怪癖；

　ⅲ.动作倒错。

(f)其他。

类别2

可能存在程序化行为(由新近心理造成的既定程序)。检验现实的行为。

次序:

(a)活动:

ⅰ.职业、行业等;

ⅱ.体育、爱好等。

(b)程序:

ⅰ.数据处理;

ⅱ.技术。

(c)其他。

类别3

社会程序化行为(由部分外在心理造成的既定程序)。社交行为。

次序:

(a)仪式和典礼。

(b)消遣。

(c)操作和操纵。

(d)游戏:职业游戏(角型沟通)与社交游戏(双向型沟通)。

(e)亲密。

在这一分类标准下,本书所讨论的社交游戏可如下分类:

类别3

社会程序化行为。

次序:

(d)游戏:社交游戏。

“亲密”是最后一个类别,也是去游戏化的生活的一部分。

对于上述分类,欢迎读者朋友们批评指正(但请不要嘲笑挖苦)。作者之所以列出这个分类系统,并不是出于作者个人的喜好,而是因为它比现行的其他系统更有效、更真实,也更实用,可以帮助那些喜欢或需要分类的人。

消遣和游戏的索引

---

① G(Game)指游戏;P(Pastimes)指消遣。——译者注

C

Y